在绝望中寻找希望

【英】塞缪尔·斯迈尔斯◎著

陈实◎译

台海出版社

图书在版编目（CIP）数据

在绝望中寻找希望 / (英) 斯迈尔斯著；陈实译 .
-- 北京：台海出版社，2018.1
　　ISBN 978-7-5168-1727-8
　　Ⅰ.①在… Ⅱ.①斯… ②陈… Ⅲ.①成功心理—青
年读物 Ⅳ.①B848.4-49
　　中国版本图书馆CIP数据核字（2017）第318073号

在绝望中寻找希望

著　　者：(英)斯迈尔斯	译　　者：陈　实
责任编辑：武　波	装帧设计：MM末末美书
版式设计：阎万霞	责任印制：蔡　旭

出版发行：台海出版社

地　　址：北京市东城区景山东街20号　邮政编码：100009

电　　话：010—64041652（发行，邮购）

传　　真：010—84045799（总编室）

网　　址：www.taimeng.org.cn/thcbs/default.htm

E - mail：thcbs@126.com

经　　销：全国各地新华书店

印　　刷：保定市西城胶印有限公司

本书如有破损、缺页、装订错误，请与本社联系调换

开　　本：880mm×1280mm　　　1/32

字　　数：140千字　　　　　　　印　张：7

版　　次：2018年5月第1版　　　印　次：2018年5月第1次印刷

书　　号：ISBN 978-7-5168-1727-8

定　　价：29.00元

出版说明

英国19世纪的道德学家、社会改革家和散文随笔作家、著名成功学家导师塞缪尔·斯迈尔斯的作品《自己拯救自己》一度被当作欧美青年读者的人生教科书。鉴于渴望成功的人需要内心强大，才能怀抱希望，进而实现梦想，我们根据内容的不同将《自己拯救自己》分为三册，希望能够给许许多多找不到方向的人，走了弯路的人予以指引，引导他们更快成功。

"经典永不过时"，那些激励过一代代年轻人的话语和事例在今天依然有用。但由于作者所处的时代与社会环境与当下的中国有较大的差异，故文中的许多现实状况与观点对现在中国的读者较为陌生。请读者阅读时注意，文中的观点仅代表原作者的观点。文中提到的"当代""现代"等指的是作者所处的时代。在选编时我们已做出了一系列修订，若还有不足之处，敬请读者指出。我们会在再版时加以改正，谨在此致以真挚的谢意。谢谢！

前言
Preface

　　塞缪尔·斯迈尔斯（1812—1904），英国人，他被包括卡耐基在内的后人尊崇为成功学的导师。事实上，斯迈尔斯的首要身份，并非成功学家，而是卓越的政治改革家和道德学家。也正因为这一点，他的作品具有一层更深的意义，其所蕴涵的思想价值超出了一般意义上的"成功学"，带有浓重的哲学意味。

　　甚至可以说，斯迈尔斯首先注重的是西方近现代的文明和秩序，他的成功学著作中有一部分是讲道德文明，对后世产生了深远的影响。其作品畅销全球100多年而不衰，成为世界各地尤其是欧美年轻人的人生教科书，甚至有人称其作品为"文明素养的经典手册""人格修炼的《圣经》"。

　　本书是根据斯迈尔斯作品《自己拯救自己》中有关一个人

在低谷时遇到的问题如何解决，以及如何才能突破成长中的障碍，找到成就自己的方法等内容精选提炼而成，是一本斯迈尔斯给予年轻人希望和鼓励的书。斯迈尔斯的《自己拯救自己》是在1859年出版的，一经上市立即引起强烈反响。英国、法国、德国、西班牙、丹麦、美国、日本、俄罗斯等国争相出版，不断重印，被公认为现代成功学的开山之作。

事实上，我们之所以编译这本《在绝望中寻找希望》，是想以此献给每一天都在拼搏的年轻人，愿他们无论在任何条件下都能心怀希望，去迎接美好的生活。

在这本书中，我们以"希望"和"信心""坚持"等作为主题，并以此作为引导全书的主要线索，讲述年轻人遇到的困难和问题，以及要怎么解决，针对性地论述年轻人在逆境时，应该如何转变心态；在遇到打击和意外的时候，如何坚持下去；处于低谷时候，如何学习和积累知识和力量，重新振作起来。总之，年轻的我们都会有不如意的时候，都会有面对困难的时候，都有失意的时候……而如何能够更好地解决这些问题，便是横亘在每个年轻人面前的一个障碍，阻碍你变得更好，若是能够跨越这些障碍，你就能够为自己的迷茫找到出口，为奋斗的自己找到更成功的路。

　　本书不仅仅是多年前斯迈尔斯给年轻人的有关成功的建议，它还相当于一本年轻人的成长指南，能为年轻的我们在迷茫的黑暗中找到光亮，照亮一路前行的路。我们也相信，这本书能够给读者信心和鼓舞，希望和力量，希望每个读者都能通过阅读本书，达成自己的梦想。

目录
Contents

愿你不辜负自己的梦想

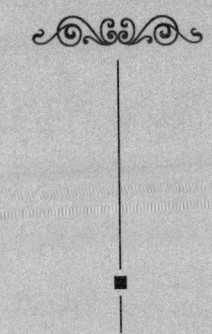

不论世界如何对你，都别看轻自己

无论发生什么事，都不要看轻自己，不管是困境还是磨难都要微笑面对。

缺少同情心，让我们失去整个世界

同情心是对他人情感共鸣的一种情感表露。

拥有高地位和能力富余的人往往比普通人有着更多的同情心。韦伯佛斯主教就是这样的一个人，他的善良人尽皆知。他的朋友也经常被别人问道："为什么韦伯佛斯主教能这么受人爱戴？"朋友的回答脱口而出："因为他心怀仁慈。"韦伯佛斯主教经常和底层人们一起生活，他的仁慈让他全身心地为人们作出贡献。只要是对人们、对社会有益的事，冲在最前方的准是他。这样的一个人如何能不受到人们的爱戴？

对别人的关怀让我们感受到他们的痛苦、弱小和辛酸。诺曼·迈克雷德形容自己的个性除了同情还是同情。他通过观察很多人的性格之后发现每个人的性格都和别人的有所不同，这种差异大多是个人的优点所在，但是人们并不清楚自己有什么优点，极力想把自己和别人不同的那一部分丢掉。一个经常受到诺曼·迈克雷德帮助的铁匠说："他在聊天时的行为举止和铁匠没什么两样，我知道他不想让我有太多的压力。每来一次他必定要在某些方面给我提供帮助，不然他就一直待在那儿。"一切行动都是以人为主，你的心里在想什么，你要表达什么，都可以从行为上看出来。所以我们应该多观察周围人的举动，要是他们困难的话就上前帮一把。人的力量是无穷的。

在诺曼·迈克雷德以男爵的身份去格拉斯哥的时候，他曾说过这么一段话："不要给我们任何物质上的东西，我们要的是精神，是存在于头脑中的思想……那些孤苦无依、贫困艰辛的人们因为需要别人的帮助，他们相较于其他人能够更容易发现别人流露出来的同情和关爱。他们知道这是一种伟大、无私的奉献。这种奉献精神会让人们的注意力从温暖的地方转移到严寒的地方，并且用能融化寒冰的温暖语言和行动给受苦的人们带去希望。这种精神会一直存在于人们身上。"这也是诺曼·迈克雷德在格拉斯哥的做事原则。

他还说："我会带领格拉斯哥的人们认识到自己的责任和义务，要他们知道人必须对自己、对他人、对社会、对国家负责。少有人会告诉他们这些，因此我的工作非常沉重，也非常重要。我是站在基督教的角度看待事情并作出了这些决定，我希望格拉斯哥的人们也能像我一样对基督教有深刻的了解。"

英国的情况和诺曼·迈克雷德描述的格拉斯哥的情况差不多。伦敦是最富裕的城市，同时也是最贫困的城市。人们只知道西区的富人多如牛毛，鲜有人知道伦敦的东区聚集着很多流浪汉和生病、贫穷的人。偶尔会有一些人对他们表示关心，也只是给一些钱，没有谁是真正为这些可怜的人们着想。但有一个人例外，他就是爱德华·丹尼森。他还未去世的时候，他为东区做了不少好事，在一定程度上改变了那里落后、混乱的环境。他清楚要想真正改变一个人，第一就是要改掉身上的陋习。于是他在东区修建了几个小规模的银行，鼓励人们把钱存进来，而不是花在喝酒和赌博上，这样可以减轻以后突发状况带来的影响。他还修建了教堂、读书室和学校，增加知识，提高思想。虽然他作出了很多努力，但对庞大的下层人群来说，这一些还远远不够。爱德华·丹尼森失望地说："很奇怪，就算是在如此富裕的国家里，还是会有那么多的人因为食物和生活环境的原因而走向死亡。没错，英国在这20年间的飞速发展我们有目共睹，但是我们在兴奋之余忘记了成功之前的艰苦过程，也忽略了随之而来的危险。"爱德华·丹尼森的所作所为是给后人们的一次提醒，很遗憾他没有看到自己的努力结出果实，希望有人能跟随他的脚步继续努力，以告慰他的在天之灵。

约瑟芬·迈斯特的一生都困难重重，在临死前他说："我并不作恶，因此我不知道恶人们是什么样的。但是我知道人生在世一定要为他人、为社会作出一点贡献。我很敬佩无私奉献的人们，他们为了帮助困难的人们付出不少经历和时间，并且不求回报。再回头看看，世界上这么多人每天都急匆匆地行走着，做着这样那样的事情，可是这些事有几件是关系到大众民生、社会发展的？他们从来不扪心自问：'活了一世，我给这个世界留下了什么？'"

塔尔佛德法官在临终一语道破英国社会最需要的是什么。他说："若是谁来问我怎样才能去掉英国人民之间的差距，我会告诉他：'只要人们心中充满爱，懂得关心他人。'"不只是英国，现今世界中最缺少的就是爱心。没有了爱，人们之间的差异会越来越大，相同的人聚在一起，排斥和自己不一样的人。所以有钱的和没钱的总是无法好好相处。在一方不肯付出的时候，另一方也不会表示顺从。

过去的社会规定国家的统治者一定要具备善良、乐于助人的美德，现实中总会发生一些不可预测的事情，这些事情造成的危害就需要英明果断、善良勇敢的人来清除。但是看看现在的社会，人们都是"各人自扫门前雪，休管他人瓦上霜"的心态，若是有人上前阻止这种行为，只会被那些愤怒的人的口水淹没。

所有的社会关系中，雇佣关系大概是最缺乏同情心的了，尤其是老板和工人之间。他们在工厂中分开居住，老板在这一边，工人在那一边。相互之间并没有深入了解对方。要是工人请求增加收入，就得采用罢工或者游行的方式；要是老板不想加薪的话，不少工人就会因为罢工和游行被开除。因此有人建议成立工人协会，通过组织和老板谈判，但这个办法始终不尽如人意。一旦双方谈判失败，人们的情绪变得激动之后，什么事情都有可能发生，于是我们看到老板的马车和房屋被烧毁了，盛怒之下他带来了执法队伍，暴动结束了。虽然结束了，但是这件事给每个人带来的伤害无法弥补。

至于主人和佣人之间还有没有同情心这件事，我的看法是，在繁华都市里的人们已经很难再有同情心存在了。金钱至上是人们信奉的第一真理。我用钱买你的服务，你就应该尽心尽力做好分内事。站在某个角度上来看，佣人在家里吃住，替我们做事，她应该是家庭的一员。但很多人并不这么认为。他们觉得佣人是自己花钱找来为自己干活的人，佣人给我们服务是为了赚取薪酬。人们把佣人安排住在和她的工作相关的地方，厨房或者杂物室，而且佣人也只对这两个地方充满激情。这么看来，主人和佣人简直就是两个国度的人，相互之间甚至不需要语言交流。

我们曾收到一位女士的来信，她向我们讲述了安妮·玛凯的故事。安妮·玛凯是罗伯特·狄克的女仆，她替他工作多年却没有一分钱的收入，并且在罗伯特·狄克去世后也没拿走他任何东西。这位女士说："在底层劳动人民中，像安妮·玛凯这样正直善良的人已经不多。我希望她能得到别人的赏识和关爱，让她把自己的高尚精神传扬下去。依现在社会的高速发展和变化，我很害怕后辈们对她这样的奉献精神变得陌生和鄙夷。每当我听人说起或者亲眼看到佣人在主人家受到委屈的时候，我特别为佣人感到难过。社会的变化不可避免会带动我们也发生变化，如果佣人期望和主人之间的关系能得到改善，但是主人却不以为然，这么一来佣人就会感到不满和愤怒。"

不知何时，人与人之间的冷漠已经司空见惯，每个人的心里都被利己的思想填满。我们和周围的邻居很陌生，也不关心他们的感受。所有事情的出发点都是为了自己，我们的心就像石头做的一样冰冷。从来，没有人考虑过自己的行为是否阻碍了别人的发展。想让我们帮助弱小群体？更加是不可能的，我们只求自保。

塔尔佛德法官的话已经说明了一切。冷漠让我们对别人的痛苦和困难置之不理。当奔跑在利益这条道路上时，我们的心灵已经积满尘土，身体在欲望的操控下机械地活动着，世界在我们眼中看来只剩下自己。

换句话说，我们正在失去除过自己的整个世界。

你给别人爱，别人将回报你幸福

一个高尚的心灵会排斥、厌恶一切不美好的事情。福罗萨特就很好地描述了伽斯顿·佛依克的性情，称他是一个敢爱敢恨，厌恶阿谀奉承的人。圣奥古斯丁说："人类一切美好的品德是我们的领头羊，它们指导我们什么时候该爱，什么时候该恨。"

神父说："当我们在面对诱惑艰难地抉择时，我们的内心其实非常享受这样的感觉。在我们毫无漏洞地做完某件事时，内心会非常激动。还有面对困难时的隐忍，面对不公平时的反抗，都让内心为之一震。"发生在人类身上的这种感觉早已被斯多葛派的人察觉到。苏格拉底说："让人恐惧的事物会在爱出现之前消失殆尽，那时，人们就能掌握所有。"

为别人着想，乐于帮助别人的人，总能得到上帝的眷顾。上帝给予的奖赏总是令人兴奋、激动，这是用钱买不到的。爱是一个家庭必不可少的感情，它让人们感受到家庭的温暖。家庭里的每一个人都是紧密相连的，无论是夫妻、主仆，还是子女关系。不能想象，如果没有了爱，每个人的家庭会变成一个冷漠、孤独的世界。

阿瑟·赫尔普斯生前写过一篇文章，里面有这么一段话："我们不能光凭一个人的地位高贵，名声和财富渐增就认定他的人生是完美的。我们不要忽略了家庭的存在，要是他在外风光无限，却被家人厌恶的话，他的人生就是有缺憾的，我们没有必要羡慕他。哪怕万事都顺心顺意，他始终有一个困难没有克服。不能融入家庭中的男人和女人都不会在社会上找到属于自己的位置。温馨的家庭能在事业上对我们有所帮助，家人的支持是我们奋斗的动力。爱是人们需要得到的最重要的东西。"

我们看到一幅描绘贵族家庭场景的画，它创作于14世纪，作者已经无从得知。这幅画里，长辈正在和他的朋友们闲聊，而晚辈则立在书桌旁听候差遣。

威尼斯的上层家庭中，主人对佣人的态度永远是仁慈、谦和的，卡丹对此十分称赞。因为他极力希望人们能够友好地和佣人相处。他在评论维克修斯时说道："虽然他是一个勇猛的人，但对待跟随他的人永远是随和的，从不用强迫他们。尽管他被人们认为不够威严，我觉得他的做法值得赞扬。"

关于家庭中是否需要同情心这个问题，我相信大家比我更清楚。西塞罗指出："婚姻是我们人生中第一重要的事，有了婚姻就会有家庭，因此我们需要管理好自己的家庭，当我们把个人事务都处理好之后，就可以心无旁骛地为国家作贡献。"家庭里的父亲就好比是一国之君，他需要用威严和爱心同时来管理家庭。家庭就是一个微缩版社会，所有规章制度都在这里起源。叶·保罗·利希特说："孩子的生长环境应该充满关怀和宠爱。因此女人与生俱来的母爱有了施展空间。母爱是世间最单纯、最伟大的情感，它不畏任何困难，不要任何回报，一心为孩子作出贡献。但孩子对母亲的爱总会产生一些抗拒和反感，即使如此，母亲的爱也从未间断。不管孩子是否感激，母亲一直都源源不断地向孩子提供爱意。母亲的能力不比父亲的强，但是她的爱比父亲的还要多。"

父亲更多的是在为家庭的生活奔波，母亲则在操持家务。一个家庭里，父亲需要知道，除了严厉，还有仁慈可以帮助他管理家庭，母亲需要懂得一些更快更好的办法来整理家庭事务。如果双方都不清楚如何维持家庭生活的话，他们的婚姻也走到了尽头。阿瑟·赫尔普斯先生说："如果一家之长没有爱心，不关怀家庭成员的话，他作出的错误决定不会比一个偏执的人要少。"一个女人在丈夫准备离开她的时候说："走之前把我送给你的东西都留下。"丈夫说："行，我会分给你一些钱。"女人说："我要的不是钱，我要的东西比钱更珍贵、更重要。我给了你我的青春、感情、灵魂，现在请你把它们都还给我。"

美满的生活需要两个人共同创造，心灵相通的人最般配。对自己来说，他是助手；对他来说，我是助手。这种关系对双方都有严格的要求，必须是正直、善良、充满爱心的人，必须对家庭和孩子有足够的责任心。双方难免会因为繁复累赘的家务事产生矛盾，这时候就要两人相互理解、相互关怀共同解决困难。特土利尔就说："耐心才能做好每一件事。不管我们处于何种阶段，都需要它的帮助。它让一切不美好变得美好起来。"一个来自瓦楞西亚的绅士问东·安托诺·古瓦拉如何才能成为一个称职的丈夫，东·安托诺·古瓦拉告诉他，一个人人称赞的丈夫必须具有强大的包容心和忍耐力，威信虽然能让人屈服于你，但是他们心里会有抗拒。你给别人宽容，别人将回报你幸福。

女人似乎天生不容易得到别人的特别关注，不管是她的社会活动还是内心活动。但是，恕我冒昧，女人的修养和天赋都包含在这两方面中，因此我们要时刻注意。一直以来人们认为女性都是弱小的，她们没有安全感，不会创造业绩，需要别人的关怀。可我们不能忽略一件事，女性在娇弱的同时也具备一种强大的能力，这种能力在平日生活劳动时按兵不动，但我们能隐约看出一点迹象，一旦发生了危险情况就迸发出来使她们做出令人意想不到的举动，有时她们会担当起顶梁柱的角色。一个成功的丈夫身后必定有一个贤良的妻子帮助他。她充当丈夫的手脚，替他探路，为他擦汗，取得成功的时候鼓励他，失败的时候安慰他。她会做好自己的分内事，尽可能保证丈夫的事业顺利发展。法拉第和他的妻子感情一直很好，在他71岁的时候，他给死去的妻子写了一封信："亲爱的，我十分想念你，我希望你能坐在我的身边陪我聊天，这样我会感到非常安心。如果可能，你会看到我的脑里和我的心里都是你的身影，因此我记不住其他的事情，连经常来往的朋友都认不出来。多想你能继续陪着我，做我心灵的导师，让我得到安稳和幸福。"

相信人们都知道查理·拉姆的故事，他可以说是世界上最有同情心的人了。在他21岁的时候，母亲被发狂的姐姐用刀砍死，周围人都对他的姐姐表示出非常强烈的敌意，但查理认为姐姐很可怜，他决定全心全意照顾姐姐，为此他推掉了婚约，余生不再考虑个人生活。他用自己不到100英镑的年收入维持着和姐姐的日常生活，无怨无悔地履行自己的誓言。

姐姐在精神病院疗养一段时间后便出院了，她开始写《莎士比亚故事集》，还有其他一些书。她的精神一直在清醒和疯癫之间转换，但她没有放弃写作，哈兹里特称她为自己遇见的最有智慧的女性。她的弟弟查理始终不离她左右。若是姐姐犯病了，查理就带着姐姐去医院治疗，等她好了后，查理再把姐姐接回家。每一次她从医院回来的时候，查理必定会热情地欢迎和诚挚地问候。这种生活持续了40年之久，抛开姐姐的病情来看，他们之间从未发生任何不愉快。查理说："我爱姐姐，上帝也眷顾她。"

我们可以把危难中救助别人的行为当作是对他人的同情和

关怀。虽然这方面的事例多到人们已经不想听的地步，但是在这里还是要说一个有意义的事例。瓦特森夫人经常会去沙滩上捡拾贝壳和海螺，其中好看的东西都成了她的收藏品。有一次她照例在沙滩上寻找着，突然她发现远处的岩石上趴着一个人，她看不清那人的长相，但那个人看起来已经精疲力竭。岩石处于海水之中，浪花一阵高过一阵冲刷着岩石，瓦特森夫人不知道那人还能坚持多久。但是自己显然无法去救他。于是她恳求几位渔夫去救那个可怜的人，并承诺给他们报酬。渔夫们并没有马上答应，瓦特森夫人苦苦哀求他们，终于让他们同意去救人。等渔夫靠近岩石的时候，那个可怜的人正好也用尽了自己的力气。渔夫接住了他，把他带上岸，想不到的是，这个人居然正好是威廉姆·瓦特森先生，瓦特森夫人的丈夫！

虽然这是一个幸运的巧合，但是谁也不能否认，这也是因为爱心而产生的幸运。

困境中的磨炼造就人的成功

一份安稳、舒适的环境并不能把所有人都培养成卓有成就的人。很多出身贫寒的人作出的贡献不比出身富裕的人要少，很难想象如果没有这些人的努力，我们的生活还停留在什么样的落后环境中。

生活太过舒适会让人的斗志减弱，面对磨难时的勇气也会减少，每个人都越来越懒，社会就将慢慢落后。从这个角度来看，贫困的日子反而有利于人类的进步。人们想方设法要把生活质量提高，每个人的斗志都可以被激发出来。不能说安稳的生活一定不好，聪明的人会自己找到拼搏的目标，脚踏实地走上成功的路，只有少数人自愿沦为享乐生活的奴隶。培根对人类在安稳环境中的拼搏就很欣赏，他曾说："蕴藏在人类身体里的力量和财富一样，需要我们把它挖掘出来。很多人以为钱能买到万物，做成万事，但是他们不知道，自己的力量也能如此。"所以，请珍惜上帝赐予我们的无穷力量，努力工作，勇于创新，用自己的力量获取想要的东西，愉快地享用这些丰硕的果实吧。

本身就富裕的人要比由穷变富的人更能抵挡住诱惑，因为人类的本性让我们在变得有钱之后，开始变得奢侈、贪婪，拼搏时的激情也随之不见，整个人都懒散着。而富裕的人原本就过着这种生活，他不会因此停下自己追逐理想的脚步。富裕的人工作更为专注，他们可以发挥自身优势，在公关、交际等对外工作中取得不俗的成绩。半岛战争中，一位中尉在行军途中骄傲地说："我们的军队一年可以为国家赚得1.5万里拉的财富。"因为在英国，贵族们若是表现出懒散的样子，那真是为自己家族抹黑，要知道他们肩负着英国的未来，国内的大小事务都由他们管理。很多贵族子弟为了国家的荣耀在外浴血奋战，牺牲了自己的生命，这一切都是他们无私奉献精神的表现。

不要以为贵族们只会舞刀弄枪，在知识界，也有很多出身贵族的科学家。比如培根，他是现代哲学的开山鼻祖，还有瓦塞斯特、卡凡迪、塔尔伯特、波义耳和罗瑟，都是有伟大成就的科学家，而罗瑟更被认为是同时期贵族中最有成就的科学家，他还是科学历史中身份最高贵的发明家。他发明的罗瑟电报远高于同类产品的性能，因为他对机械构造十分了解，有一个机械厂的厂主硬要他担当工头职务，厂主之前并不知道罗瑟是一位贵族。

总体来说，贵族们最擅长也最适合的工作应该是与政治、文学相关的。他们和普通人一样，必须要经过一番努力和历练才能取得成就。虽然有规定工作时间，但是他们常常加班，首相和议员们经常如此，巴尔莫斯顿、迪斯雷利、德比和鲁塞尔、格拉德斯多等人在工作时废寝忘食，即使有10小时工作法律保护，他们照样加班。这些人中最卖力的当属罗伯特·皮尔，他的工作全是高强度高难度的脑力活，但他并没有因此替自己放假休息一下。他用40年的时间从一个普通的议员变成一个领导者，期间所作的努力是常人无法想象的。他忠于职守，毅力坚强，不管遇到什么困难都会直面克服。他对每一件事情都抱着谨慎的态度去查证，每次发言的内容必定要反复斟酌才会说出来。他还可以融入各个阶层的群众之间，广泛地吸取人们的意见，让群众来监督自己的言行。在自身的不懈努力下，他的威信越来越高，品德愈发完善。

布朗汉是一位贵族，60多年来他一直做着慈善活动，同时也在知识领域里有不俗的表现，这一切都归功于他的勤奋和努力。人们都很好奇如此忙碌的一个人为什么总是有空闲时间来完成那么多的工作。有一次，一个人请塞缪尔·罗米里帮忙，但是他太忙，就拒绝了，后来他接着说道："不如你去找布朗汉，他的时间总是有很多，可以用来做所有的事情。"可见布朗汉把时间规划得相当合理，每一分钟都拿来工作。他在60岁的时候不像别人那样在家休养，仍然在不停地工作学习。他修改自己的《乔治二世统治时期的科学家和文学家们》的草稿，按时参与上议院的所有会议，还对之前并不熟知的光线原理进行探索，并把取得的成果公布给法国和英国的所有科学人士。他的超负荷工作让人替他担忧，工作量明显超过了三个年轻人的工作总和，西德尼·斯密斯曾劝他要多注意休息，适当减少一些工作，可他已经习惯于把自己放在工作环境里，每份工作都严格要求自己做到最好。因此有人幽默地说，要是布朗汉是一个擦皮鞋的，那么他一定是全英国最能干的擦鞋师傅。

布尔维·里顿在工作中也非常努力。他是一位作家，任何文学体裁都难不倒他，每一类都有出色的作品，放眼看去，还有哪位作家能和他相比？他性格稳重、正直，有一股不服输的精神，他的全部精力都放在创作上，至于外出旅游或是日常生活中的玩乐，他的地位虽然能让他享受到这些，但他对此并不感兴趣，一心只在自己的工作中。他的第一部作品是《种子与野花》，是一部诗歌集，但没有成功，接着是一部小说《法尔克兰德》，也没成功，但他坚持不懈，不像一些人遇到困难后采取退缩的态度。他吸取失败的教训，孜孜不倦地继续创作，阅读大量的书籍来充实自己的知识面，终于，在《法尔克兰德》失败不到一年后，《帕尔汉》完成了，这给他带来了巨大胜利。此后他的创作一部比一部精彩，最终成为一位伟大的作家。

至于迪斯拉里的慈善活动，如果没有他的勤奋和坚持，我想很难取得今天这么伟大的成就。最初他和布尔维一样，都是进行文学创作，他刚开始创作的《革命史诗》和《阿尔罗神奇传说》曾被众人认为是荒谬至极的作品，人们的评价并没有让他灰心，之后他创作出《康宁斯比》《唐克列德》和《西柏》，终于取得成功。同时他还是一位演说家，和写作一样，刚开始他在下议院的演讲得到的是听众们的嘲笑，众人一致觉得他的演讲比阿德尔菲的喜剧还要搞笑。虽然心里很不是滋味，他还是坚持把演讲稿念完，并在最后和大家说："我相信事情刚开始都是坎坷的，久而久之就能得心应手，我的演讲已经接近尾声，不过我坚信在不久之后你们又能看到我站在台上演讲。"

结果呢？当然如他所说的那样，他又站在台上开始演讲，不过这次是在上议院，而且英国权贵们非常欣赏他的建议。

现在我们应该知道，面对困难的时候不要暗自伤心，一蹶不振，要学习这些伟人，从哪儿跌倒就从哪儿爬起来，一份努力不够，就用两份努力，总之要振作。把别人的批评当作自己的动力，改掉自身的坏习惯，总有一天，胜利会降临在你的头上。

以英雄人物为榜样

胆小的人会在勇敢的榜样激励下变得精神振奋。英雄领袖们就是运用这种勇气的力量让平庸的下属都变得胆气十足。

读读那些史册上勇士们振奋人心的事迹，它们能让每一个读者血脉扩张。波西米亚人被茨斯卡皮做的锣鼓所鼓舞，茨斯卡用自己的牺牲换来了民众的勇气。斯勘的贝格，这位伊庇鲁斯的王子，他是土耳其人勇气的象征，在他死后，土耳其人都想获得他的骨头而让自己在战场上所向披靡。道格拉斯，这位英雄携带着布鲁斯的人头踏上了去往圣地的路途。在到达圣地的时候，他看到一群撒拉逊人在围杀一个骑士。这时候，他把脖子上装有英雄遗物的银盒子扔向阵前，并大声向敌人喊道："我并不胆怯，来杀死我吧，这才是你们该做的事。"接着他就义无反顾地冲向敌群，最终力战而亡。

英雄人物传记里最为重要的是什么？是它所包含的大量高

尚的范例。我们通过祖先的生平事迹而与之同行。凭借那些流传下来的文章，我们与他们相伴生活。我们通过他们生前留下的珍贵示范，以此为自己生活学习的榜样。只要有宝贵的经历，不论是谁都能成为后人道德的模范，其他人会学习他的事迹，让自己形成良好的品格。其他人会重演他们的事迹，用不同的方式演绎他们的人生，可是那高贵的品格都是一样的。

所以那些道德高尚者的自传就如同一个火种。它是充满智慧与活力的。弥尔顿曾说："它是伟人留给后人的宝贵财富，这笔包含了伟人精髓的财产会永恒地流传下去。"人们会因为这些传记而变得更加高尚，具有良好的道德品格。在传记里，人们能够看到最高尚的榜样。我们的人生会在这些榜样的影响下更加完美。我们一直在寻找和探索的就是这些适合心灵与头脑的东西。

我们都知道那些没见过阳光的植物与藤蔓，有着趋光性，阳光就是它们所追求的东西。它们会奋力生长以迎接高处的阳光。布克斯顿和阿诺德的生平传记会让年轻人变得高尚起来，他们也会对自己的决心变得更有自信。人们通过阅读这些自传，能够知道自己该如何行动，变得更加具有独立性，能够自主把握人生。这些英雄人物的自传让他们能够信心百倍地追寻自己更为远大的目标。在不知不觉向自传中的英雄人物学习的时候，年轻人也会成为书中那样高尚的人。在看过米切尔·安格诺的自传后，柯勒乔感叹道："我能做到，我也是位画家。"他被书中人物激发出了藏在内心深处的灵感。对于法国总理达古赛奥，塞缪尔·诺米利一直认为他伟大高尚的一生对自己影响深远，对此他在自己的传记中写道："托马斯的作品，我看过，他的达古赛奥颂词，我还是怀着无比敬仰的情感去阅读的。在那里面，我看到了一个杰出官员的高尚人生。借此，我的理想和热情从心底迸发了出来，在我眼前出现了一条崭新的道路，它为我打开了一扇通往新荣誉的大门。"

对于早年阅读的科顿·马瑟的《关于做好人》这本散文集，富兰克林给予了很高的评价，这本描写马瑟经历的书让他获益匪浅。他认为自己今天能有这样的地位和成就都是这本书的功劳。那些好的榜样会通过后人传播到世界各个角落，他们有着让人倾心的力量。对于本杰明·富兰克林，塞缪尔·德鲁很是推崇，他认为自己是在其影响下成就了人生。他甚至认为，他最为成功的商业习惯也是拜其所赐。一个良好的榜样，我们无法确定他会影响谁，也不知道这影响何时开始和结束。我们要好好利用榜样的力量。在书本和生活里都要向好人求教。在那些好书里发现和学习最有价值的东西，对那些优秀的榜样理智地模仿和崇尚。贵族达德利说过："我会把自己规范在文学中最好的作品里。它们大多数是我熟悉的，对于这些作品，我愿意与它们相处得更为密切。在我看来，大多数情况下，一本旧书会比一本新书更让人获益。"

无论是哪一个想要成功的人，如果有自己的榜样，他们的成功会提早到来。

乐观的性格有助于你的成功

乐观的性格可以引导一个人成功，是一个人成功的最大助力。伟大的人们具有乐观的心态和宽阔的胸怀，他们是我们学习的榜样。无论他们走到哪里，这种精神都影响着每一个人。

帕默斯顿勋爵经历过很多坎坷和磨难，但是他从来不畏惧。他凭着自己坚强的意志，战胜了很多困难。帕默斯顿的性格很温和，他的心态很年轻。他不仅拥有豁达的胸怀，而且很有耐心，自制力也很强。不管遇到什么事情，他都能从容面对，他从来不会因此伤心难过，怨天尤人。

帕默斯顿有一颗平和的心，不管遇到什么困难，他从来不会退缩。和他相处20年的朋友这样说："他总是很乐观，从来不会沮丧，更不会愤怒。"当年，阿富汗发生了很多的灾难，大臣们都忙着处理此事。这时帕默斯顿的对手们趁机编造谎言、篡改公文，企图陷害他。发生了这么大的事情，帕默斯顿仍然面带微笑，没有一丝难过和忧伤。

很多成功人士，他们大都具备乐观的性格、豁达的胸怀。他们从来不会与别人争夺名利。他们善于发现生活中的快乐，幸福地享受生活。由于他们拥有豁达、乐观的性格，所以他们非常健康，待人温和，他们的生活中充满了快乐。这样的人很多，比如说：莎士比亚、塞万提斯、维吉尔、贺拉斯、莫雷拉、荷马等等。除此之外还有很多心地善良、为人正直的成功人士：米歇尔·安吉罗、莱昂纳多·德·文西、路德、拉法叶、培根、摩尔等等。他们不管做什么事总是精力充沛，并且享受工作中的快乐。

弥尔顿也是一位乐观、直率的人。在通往成功的路上，他经历了更多艰难险阻，不过他总是以一个乐观的心态来应对。在一次事故中，他的双目失明了。就在这时，他的朋友不但没有帮助他、安慰他，反而离开了他。我们可以理解，突然间失明是一件非常痛苦、恐惧的事情。可是弥尔顿并没有因此堕落，他精神抖擞，对未来充满了希望。

亨利·菲尔丁过着贫穷的生活，他的身体不好，经常生病，因此欠了不少钱。玛丽·沃特雷·蒙太古夫人这样评价他："菲尔丁非常乐观，他虽然穷，但是生活得很快乐。"

约翰逊博士也是一位乐观向上的人。他的一生经历了很多磨难，但是他从来不会向困难低头。他享受生活带给他的快乐。有位牧师觉得自己的生活枯燥无味，他抱怨道："我们除了和小奶牛打交道，其他一点生活乐趣也没有。"斯拉雷夫人的母亲曾经这样评价过约翰逊博士："他是一个非常乐观的人，不管发生什么事情，他都能够从容面对。所以如果让他和这些小奶牛待在一起，他同样会生活得很快乐。"

约翰逊认为，一个人长大以后，就会变得非常温和，处事理智。切斯特菲尔德勋爵是一个对现实社会不满的人，他经常抱怨生活无趣。他反对约翰逊的观点，他认为："现实是残酷的，一个人不会随着年龄的增长，变得温和，而会变得越来越冷漠。"人的生活态度不同，就会从不同的角度看待问题。比如说一个人的性格不一样，对事情的看法就不同。如果一个人心地善良，并且能够自我反省，从失败中吸取教训，那么这个人就会变得越来越强大。而那些听不进别人的建议，脾气暴躁的人，将会越来越弱小。

瓦特·斯科特先生是一位非常善良的人，因此得到了大家的尊重。瓦特从来不会看不起地位卑贱的人，不管是谁和他交往，都会感受到他的友爱。所以就连那些盲人、聋哑人都喜欢和他交谈。

瓦特曾经把发生在自己身上的一件事情讲给霍尔上尉听："一天在街上，有位小狗摇着尾巴向我扑过来，我就顺手从地上捡了一块石头向它扔了过去，结果它的一条腿被打中，并且折了。可是它并没有立刻逃跑，而是拖着那条腿艰难地爬到我跟前，可怜巴巴地舔着我的脚。我当时很心痛。这件事情我永远都不会忘记，每次想起来，我的心就会隐隐作痛。"从这个故事我们可以看出瓦特善良、仁慈的心。

斯科特常常说"朗声大笑吧"，斯科特的笑总是发自内心的。他无论和谁交往，都是和颜悦色，赤诚相待。他豪爽的笑声，让周围的人也受到了感染，人们本来对他充满拘谨和敬畏，但在他的朗朗笑声中，这一切都烟消云散了。华盛顿·埃尔文的麦尔罗兹大修道院废墟管理员说："他会来这里的，有时他和很多人一起来，离得很远就能听到他在叫'杰里·选杰里·鲍威'。看到他的时候，他总是在说笑。他平易近人，和我们聊天，说笑话，就和老朋友一样。让人不敢相信眼前这位随和的斯科特就是大名鼎鼎的历史学家。"

阿诺德博士也是一位同情心很强的人，并且待人真诚、和善。莱尔曼教区的人说："阿诺德博士非常友善，当时他走向我们，亲切地和我们握手。"还有一位老妇人也说过："阿诺德博士对我太好了，他竟来我家和我聊天，我感到非常荣幸。"

西尼·史密斯先生同样有一颗乐观的心，他非常热爱生活。在他看来，黎明的力量非常强大，没有任何东西可以阻挡它的到来，同样，乌云也遮掩不了强大的阳光。他非常善良，也很有爱心。他对工作认真负责。他曾经担任过牧师和牧区的教区长，在那里，他受到了很高的评价。他的一言一行都值得大家学习。他待人真诚，并且有一颗宽容的心。在人们心中，他就是一位高尚的绅士。

西尼·史密斯先生只要有时间，就会写一些很有意义的文章，这些文章里涵盖了正义、自由、信仰、教育等很多方面。他敢于写一些激励大家的文章，他的文章简单易懂，并且非常幽默。他乐观向上、心胸开阔、精力充沛，所以他创作出了很多好作品。史密斯先生到了老年时，身体很虚弱。他在给朋友的一封信中，这样写道："虽然我现在病得很重，不过我并没有觉得很痛苦，生活是美好的。"

那些伟大的科学家们都具有相似的性格，比如说他们都很有耐心，非常勤劳，并且乐观豁达。拉普拉斯、牛顿、伽利略和笛卡尔等，他们就是很好的例子。

欧勒也包括在其中，他不但是一位伟大的数学家，还是一位伟大的自然哲学家。

欧勒年老的时候什么都看不见了，但是他仍然笑对生活。他凭借着记忆画出了令人称赞的机械设计图。他每天仍然坚持写作。他很享受家庭带给他的快乐。空闲的时候，他很喜欢和孙子待在一起。

鲁滨孙教授晚年的时候病魔缠身，无奈之下他就先放下工作，和孙子一起玩。他曾经给詹姆斯·瓦特写过一封信，信中说："我现在才意识到，孩子就是快乐的源泉，他们是那么单纯，那么可爱。

看着孩子们一天天长大，我心里非常高兴。孩子们说的每一句幼稚的话，每一个调皮的动作，都使我心情舒畅。我真的感谢法国理论家们，在他们的指引下，我才去认真观察孩子。

他们的每一个动作都有一定的含义，不过很遗憾我的时间不多了。要不然我会深入研究孩子们的成长过程。"

或许，想要成功就要像孩子们一样纯粹，用一颗纯真的心去发现，去做，沉浸在里面，你就能够得到更大的乐趣，同时获得成功。

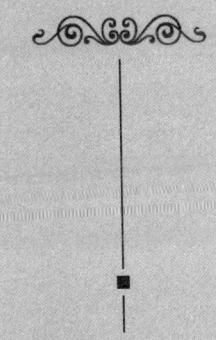

人生没有苦难挫折，成不了强者

巴尔扎克说："世界上的事情永远不是绝对的，结果因人而异，苦难对于天才是一块垫脚石，对能干的人是一笔财富，对于弱者是一个万丈深渊。"

不畏困难，勇往直前

困难从来不会打败一个人，只有放弃才会打败一个人。所以如果你想做成什么事情，就不畏困难，勇往直前吧。

哈维工作起来一丝不苟，并且从来不知道累。他研究血液循环长达8年，做过无数次实验，最后证实了自己的猜想。可是他仍然不放心，又继续实验、调查、研究。这个论证确实成熟了，他才把这个观点公布出来。关于血液循环，他还编著了一本小册子，拿到出版社出版。这本小册子详细地记录了他的论证，明确地阐述了他的观点。可是有些人仍然不相信他，嘲笑他，说他这些都是谬论，是他胡编乱造出来的。他根本不把这些放在心上，仍然相信自己辛辛苦苦论证出来的观点。可是后来却得到人们的臭骂。在人们心中，他论证这个观点的目的就是破坏《圣经》的威严。他已经破坏了宗教基础，这是一种不道德的行为，他受到了人们的谴责。因此他的朋友们故意躲着他，不和他往来。他的学生承受不了这么大的压力，离他而去。就这样他继续承受着大家的辱骂。长时间以来，那些有思想的人们不再骂他，而是开始思考他的观点。后来他的结论得到了大家的认可，并在人们心中生根发芽。又过了25年，他的论证被公认为是一种科学真理，同时他也得到了人们的佩服和景仰。

比起詹纳，哈维遇到的那些困难并不算什么。詹纳研制出了防御天花的疫苗，经过多次论证后公布了出来。在他还没有研制出这种疫苗时，格洛斯特郡的挤奶女工说，只要人们种了牛痘就不会被传染上天花，她们的话传到了很多人的耳朵里。可是人们只是听听，从来不当回事，更不会有人去证明这种方法的可行性。这种方法一直流传人间，直到这种说法传到了詹纳的耳朵里。他当时还在苏德布里上学，非常年轻。一次偶然的机会他听到了一个农村姑娘和老师的对话："老师，您知道吗，得过牛痘的人就不会被感染上天花了。我已经得过牛痘了。"他准备证实这件事情，于是就开始调查此事。他的朋友知道这件事后，根本不理解他，并且嘲笑他的做法。后来甚至强迫他停下这项工作，要不然他们就会联合起来告诉院长，说詹纳经常骚扰他们，那样院长就会把他开除。

后来詹纳去了伦敦学习，他的老师是约翰·亨特先生。他把自己的想法告诉了亨特，亨特不但没有反对他，反而鼓励他："你现在只是在想，这样会让你停滞不前。你一定要把自己的想法付诸行动，并且要有耐心，不厌其烦地实验。"听完老师这番话，他又重拾信心，坚定地研究这件事。为了能够确切地进行实验，他义无反顾地回到了农村。二十年如一日，他认真地观察、研究，做了无数次的实验，终于有了眉目。他又信心十足地继续努力工作，他曾在自己儿子的身上试验了三次，最终取得了成功。他把这么多年的实验一一记录在了纸张上，共有70多张，并且每张纸都是四开的。他把自己的研究成果公布于世，还有他的记录。记录里包含了23个人接种的例子，他们接种后就没得过天花。他开始研究接种的时候是1775年，可是直到1798年他才出版了自己的论文，并且得到了医学界的认可。这是他长年艰辛工作的结果。

詹纳的研究成果公布后，人们只是一看了之，并没有放在心上。可是过了一段时间后，人们很抵触这种做法。为了得到人们的相信和认可，他首先要得到医学界的认可。詹纳来到伦敦，在医学界公布了自己的研究，并且向他们介绍了实验的整个过程和接种后达到的效果。虽然有些医学人士觉得他的研究很有道理，可是却没有一个人愿意接受接种。最终他的研究也没有得到医学界的认可。三个月后，他回来了。医学界不认可的东西，人们更不会接受。他们认为，把奶牛乳房中的病毒注入人体，这种做法很荒谬，并且认为这样做的话人就会像牛那样凶猛。詹纳受到了人们的嘲笑和唾弃，并且接种也被他们说成了邪恶、缺德的做法。后来被人们说得更加夸张，如果谁家的孩子接种了就会长牛角、牛鼻子，还会长砂眼，并且孩子只会像牛一样叫，不会说话。詹纳并没有被这些可怕的说法击倒，而是继续坚持自己的做法。后来有些村民接受了接种，其他村民知道后就会围攻他们，所以他们接种后根本不敢出门。

在詹纳饱受屈辱的时候，有两位贵人帮了他的大忙。德茜夫人和伯克里女伯爵打破了世俗的偏见，给他们的孩子们接种。这样一来，接受接种的人越来越多，并且接种也在医学界得到了广泛的应用。但是后来有人想盗取他的研究成果，不过没有得逞。詹纳成功了，人们不再抵触接种。人们看到接种的成效后，纷纷赞扬詹纳。但是他并没有由此变得骄傲，而是更加谦虚。后来他收到了伦敦医学界的邀请函，想让他过去，每年给他一万英镑。他在回复中这样写道："我现在岁数大了，不会为了名利而拼搏，所以我不会去的。但是在我年轻的时候，你们却不给我机会。我当时经历艰难坎坷，只希望能得到人们的信任，可是却没有。我耗费了一生的时间才获取了人们的认可。"詹纳用自己的一生证明了接种的可行性。目前这种预防天花的技术已经被各个文明国家引进。

居维叶说过："在那个时代只有他敢于挑战自己。在整个过程中他经历了无数次艰难坎坷，他站在学术界的大门外苦苦地等着，在他第二十次敲击大门的时候，大门终于为他敞开了。他的成就永远刻在人们心中。"

不得不说，那些伟大的成就是无数个勇往直前的人，不甘放弃而得来的。

经历风雨才能看见彩虹

每一个想要脱离逆境的人，都要挣脱禁锢自身的枷锁。而这需要付出努力和额外的辛苦。

在逆境面前，我们的本能会提醒我们退却，可是我们不能逃避，必须拿出勇气去面对。彭斯满怀真情地说道："你可以从那些惨痛的损失和教训中获得智慧。事实上，这是你获得才智的唯一方法。"

苦涩之中才会产生甜蜜。我们的潜能和力量都在逆境中得以彰显。要是真具有内在的价值，那么，其在外力的磨炼下就会散发出耀眼的光芒。"通往天堂的台阶是由挫折组成的。"一句流传很久的谚语如是说道。里奇说："什么是贫困？对于贫困，人们何必给予过多的抱怨？我认为，贫穷是少女在耳朵上穿洞的阵痛，在耳朵上的伤好了以后，就能挂上美丽的宝石了。"生活中的经验告诉我们，逆境之中，人不但能把个性磨炼得更加坚强，还能学会保护自我。

在贫困面前，许多人都能表现出乐观的精神和与困难作战的勇气。可是面对后来的富裕生活，人反而会被慢慢地腐蚀。宽厚的本性的确可以在富足的生活中得到培养，可是财富也就仅能做到这点，对于其他性格的塑造，它就无能为力了。钱只会让你的心变得更加冷漠。那些原本小气并且谄媚的人，在富裕后，依然会吝啬，可是他们谄媚的一面会消失，变得自高自大起来。

人会在财富的作用下变得冷漠和骄傲。坚毅的人会在贫穷中变得无所畏惧。伯克说："困境身兼数职，它是严厉的老师，是严格的父亲，也是慈爱的母亲。对于我们的了解，困境比我们自己更为清楚。同样，对于我们的爱护，它也比我们自己还要给得多。我们的力量和技巧，都是在我们摔跤对手身上得到提高的，所以我们最大的帮助者，就是我们的敌人。"人类的生活会因为缺少逆境而变得更加简单，可是这样，人类的价值也就大打折扣了。不停地在困难中抗争，不但让人的个性得到锻炼，也教会了人如何自立。所以我们的行为能在逆境中以一种潜移默化的方式得以规范。

在被人用卑鄙的手段从印度军队指挥官的位置排挤下来时，年少气盛，并且骁勇善战的霍德森感到十分委屈，为此而不平，认为自己遭受了不公平的待遇，是恶意言论的牺牲品。可是他没有就此认输，他很坚强地对一位朋友说出了自己的心声："哪怕面对最糟的情况，我也不会害怕，我会像同战场上的敌人战斗一样，尽全力地去抗争。对于我分内的职责，我会尽到责任，这是我必须去做的。我认为，即使任务非常讨厌，只要我出色完成了任务也会获得回报的。可是就算没有回报，我也必须尽到我的义务和责任。"

逆境可能显得过于严格，可是最终你会发现它是一位好老师。

奋斗下去，得到信心和能力

人生，就是一部奋斗史，这是对生活最好的诠释。

在大多数时候，奋斗都是与艰辛为伴的。要是目标显得唾手可得，就好比进行了一场没有荣誉的战斗，让人兴致全无。可以说日后的辉煌成就是经过逆境的磨砺得来的。成就是在为目标而奋斗后才得以获取的。只有怯懦的人才会在困境面前退缩，在坚强和勇敢的强者看来，这不过是他们前进的推动力。所有的生活经验都告诉我们："只要满怀热情，决不后退，抱有破除万难的决心，那就能勇敢地直面不幸，越过那些挡在前进路上的障碍。"

逆境对个人和国家来说，都是一所培养道德品质的最优秀的学校。苦难的历史客观地讲，就是一部人类取得成功的历史和人类如何获得成就的历史。对于那些被寒冷所包裹的北方国家，他们应该对自己所处恶劣环境与贫瘠土地报以感激，因为这是他们存活的基本保障。这些国家的人的生活是那些气候温暖的国家无法想象的，他们在与逆境作着坚持不懈的抗争。所以这些苦寒之地也有许多特别的物产，那些养殖技术，还有工艺流程都是很独特的。

困难艰辛遍布在各地，各地也都有着人类的生息。在困境中，人类的能力与技巧得到提高。人类面对困境，会更加坚定地向着未来努力前行。这就如同在平常锻炼里做着高强度训练的运动员，到了真正的比赛，就能表现得更加游刃有余。在成功的路上，阻碍重重，可是你越过了障碍，就能证明你的能力。在经验中，我们能够容易地作出判断，就像经过捶打的荨麻会变得柔软一样，对于困难，只要找对了方法，就能轻而易举地化解。树立目标，并且坚信能够成功，这是我们的经验告诉我们的达到目的最有效的方法。

没有尝试也就没有成功。有许多成功，都是在尝试之后获得的。在尝试之前，谁都无法了解自己能够做些什么，可是尽力尝试的行为，都是大多数人万不得已情况下的行动。那些意志消沉的年轻人这样叹息道："要是我这样做了……要是我那样做了……"他不明白，只在假设中幻想，而不去尝试，是无法有所收获的。一千次的热切希望也不如一次尝试有效。那些毫无作用的假设，阻碍了更进一步的确定，让人们的尝试行为受到束缚。林德赫斯特勋爵说过："解决困难是必须去做的事。"对待问题，最好还是及时解决。那些有利的条件和环境，都是在尝试之后得来的，力量和坚毅也是通过不断努力得来的。这样你会获得更加完善的性格和更加聪明的头脑，与那些没有你相似经历的人相比，他们都不如你高雅，也没有你身上那强大的勇气和对自由的欲望。

我们会在克服困难的过程中学到知识。解决前面的困难也往往让以后的困难变得容易解决。我们在接受教育时，有些初次接触的东西，可能在当时觉得没有用，例如学习无人再用的死语言、对数学中的线面关系进行研究，可是这些教育并不是无用的，它们都有着很高的实用价值。通过对这些看似无用的知识的学习，人会变得更加努力，也能让人获得在实际运用中的使用能力。

若不这样做，人的上进心和实际运用能力就会处于沉睡之中，无法发挥出来，找不到展示的舞台。联系在所有的事情中都存在着，要让它们被各自的联系所串联起来。人的一生都包裹在工作中。只要生命不息，逆境就会永远与你相伴，你将不停地接受困境的磨炼。一味地气馁对于克服苦难来说，是毫无帮助的。有一位学生，他对达兰贝尔抱怨道："掌握数学的基本知识真是太难了！"达兰贝尔用一句话给予了回答，这也是一句箴言："年轻人，不要放弃，继续奋斗下去，信心和能力，你都将会得到。"

在经历了无数次失败和尝试之后，芭蕾舞演员才呈现出优美的舞姿，提琴手才演奏出悦耳的曲子。面对别人对自己演奏的音乐予以优雅的赞扬，卡利斯密感叹道："唉！你们又如何知道，我是费了多大的心血才能做到这优雅的演奏呢！"别人问约瑟亚·雷诺："你的作品需要用多少时间完成？"他答道："我的一生都会献给它。"亨利·克之所以能够成为美国著名的演说家，也是由于他从27岁就开始不停练习的结果。每天，他都花时间读书，对于一些历史小说和科学书籍，他还进行了口头叙述评论。他时常即兴发表演讲，有时在玉米地，有时在树林，还有几次在离家很远的谷仓里，牛和马都是他的听众。他早年的这些演讲练习，是他后来成功的基础。他靠着这种练习的鞭策和鼓励，活力满满地迈向了成功。

在年轻的时候，爱尔兰的杰出演说家卡兰有着发音上的缺陷，而且还很严重，为此他在学校饱受嘲弄，大家都叫他"结巴杰克·卡兰"。在研读法律课程时，他依旧结巴，可是他在想方设法改掉这个缺陷。在学校辩论协会，有个成员讽刺他是"演说家之母"。事情是这样的：如同科伯一样，在一次集会场合，卡兰站起来发言，可是因为结巴，他一句话也说不出来，全场为此都笑开了。卡兰因为这个外号而深感耻辱。于是，他刻苦练习，慢慢地，说话变得流利了，最终他以一次成功的演讲，给了那个替他起外号的成员有力的一击。卡兰因为自己能够流利说话而备受鼓舞，他的面貌也为之焕然一新，在学习中，他投入了比以前更多的精力。他挑出文学名著里的优美章节，用以朗诵，为此纠正自己的发音，他让自己的朗诵变得更有节奏，也更加清晰明了。

每天，卡兰会用几个小时来练习发音，他边读边用镜子观察自己的样子，对于自己看起来有点笨的外形，他还设计了一套肢体语言。他设计了一些案例，以此作为练习的模板，在练习时，他做得很认真，就如同是真的在面对陪审团演讲一样。在职业生涯里，卡兰最初就是凭借着他在演讲上的优势获得成功的。艾尔顿勋爵说："卡兰当时还不出名，他的事业之所以取得成功，就是因为这种优势。"

在进入律师这个行业后，卡兰也会在某些时候缺乏信心，可他对工作一直尽职尽责。有一次在法庭上，卡兰被罗宾逊法官的一句话给激怒了，他毫不留情地给予了反击。在庭审时，卡兰说道："阁下制定的法律从不曾出现在我自己的图书馆里。"对于这句话，法官给予了傲慢的回应："先生，我想，那是因为你的图书馆不够大吧！"这位卡兰所尊称的阁下，就是当时一个名声败坏的政党领袖，他这个人脾气暴躁，写过一些不出名的小册子，里面都是关于教条主义和暴力的镇压。对于法官对自己经济上困顿的嘲笑和讽刺，卡兰非常生气，他凛然反驳道："法官大人，我的确很穷，这也让我的藏书数量受到了限制。可是，我的书虽然算不上多，但都是我精选而来的，这些书，我也都花了心思去研读。在加入律师这个高尚的行业前后，对于几部法律大作，我都刻苦钻研过。在我看来，这样比在书架上随便摆些书要好多了。对于贫穷，我个人并不觉得是耻辱，我反倒觉得，那些靠谄媚权贵和贪污获得的财富才是可耻的。我这样可能难以被提拔，可是，我至少还留存了自己诚实的品德。在我看来，金钱是无法买到诚实的。历史上有许多事例可以告诉我，放弃原则的后果，我可能会获得一时的荣耀与利益，可是终究将会被世人所轻蔑，变得名声败坏。"

无论是为了生活还是为了信念，只要你坚持奋斗下去，你的信心和能力将得到提高，也将会获得支撑你赢到最后的力量。

他们曾为真理而前赴后继

人们有时会在追寻科学真理的路途上付出生命的代价。这些殉道者们为了开辟光明的大道，经历了痛苦和困难的折磨。这其中的例子就有，布鲁诺和伽利略，他们的观点被诬蔑成异端邪说，两人也由此付出了生命的代价。他们这样的例子还有很多，他们都很聪明，可是这并没有帮他们逃脱敌人的愤怒。

法国有个著名的天文学家，他叫贝利。他还出任过巴黎市长一职。在第一次法国大革命中，他同伟大的化学家拉瓦锡一起被送上了断头台。在国民议会下达死刑判决后，拉瓦锡为了验证自己在监狱里的实验结果，请求延缓几天执行，可法院驳回了他的请求，要求立刻执行。一个法官还大放厥词，说学者是共和国不需要的东西。这样的悲剧并不是特例，现代化学之父普利斯特里博士，他在英国的房屋和图书馆都被毁坏了，最后只能在"不要学者"的呼喊里，逃离了自己的祖国，最终到死也没回到故土。

在迫害、困境和苦难中，往往会产生出最伟大的发现。新大陆，这是世界的宝贵财富，可是那些因此获利的人却在不断迫害、诬蔑和掠夺它的发现者——哥伦布。非洲河是玛戈·帕克发现的，可是这位发现者还没描述出这条河，就被河水永远地吞噬了。在刚解决长期困扰人们的西北通道难题后，富兰克林就不幸在冰海之中丧生了。世人对这一切，都会感到伤心和悲痛。

海洋探险家弗兰德斯在法国一个小岛被羁押了6年，一生经历了不少困难。在1801年，他在英国乘坐"探索号"出航，他此行的目的是发现新航路，还有考察各地情况。他为此从英国政府那获得了一本法国护照。那时，英法正进行着战争，英国政府借此想要法国人为了科学事业，对这位探险家给予帮助和保护。

在这次航海的过程中，他对澳大利亚的大部分地区进行了考察，这其中还包括万迪蒙斯岛，以及它附近的岛屿。可在考察的途中，人们发现考察船开始漏水了，而且船身太过腐朽，已经无法再进行航海了。这位探险家只能无奈地，以旅客的身份乘上"海豚号"轮船回国了，他把3年的辛勤成果，都毫无保留地交给了海军部。在回国的途中，海豚号不幸在南部海域触礁，在船沉没前，弗兰德斯与海员坐上了一艘小木船，最终安全地踏上了英国的国土。

在那里，他们找到了一个比"格雷威逊德"帆船小不少的小双桅纵帆船，这船叫"坎伯兰"。在这之后，他们又回到了事故地点，在那里营救其他被困船员。在返回英国的途中，小帆船的一块木板坏了，在这万不得已的情况下，他们停靠在一个隶属法国的小岛上。可是让他们吃惊的事情发生了，他们都成了监狱里的囚犯，他们的法国护照没有用，他们遭到了蛮横的对待。

在监狱生活中，弗兰德斯遇到了一件可怕的事情，他在那里认识了法国同行布封。这位狡诈的探险家窃取了弗兰德斯的劳动成果，他即将去往欧洲，在那里向世界公布这个英国探险家的发现。事情正如弗兰德斯预料的那样，他的这些新发现，在他滞留于小岛的这段时间里，已经在法国的地图集里发表了，可是他和前辈们为各处所命的名字，却全都被人篡改了。在经历了6年牢狱之灾的折磨后，弗兰德斯终于重获自由。这时，他的身体已经被监狱的恶劣条件给毁了，但他仍然坚持对地图进行了修改，并且还标注了新的说明文字。就在他著作发表的那天，他却永远地离开了人世。

那些把自己孤立起来的人，都是有勇气的人，他们靠此激励自己前行，使自己得以完成重要的工作。有些人与自己心灵相通时，都是在精力很集中的孤立状态。可是个人的性情、他所受的训练和其品质，才是人们在孤立状态下取得成功的重要因素。在孤立的状态下，那些具有宽广胸怀的人会让心灵变得更加纯净，可那些心胸狭窄的人会因此变得更加冷酷无情。孤立状态会给小心眼的人带来巨大的精神折磨，但它也能成为崇高精神的庇护者。

在监狱里，波伊休写完了《哲学的安慰》。那本圣经批判方面的优秀著作《评圣徒马太》，也是格劳秀斯在狱中完成的。在葡萄牙修道院的单人牢房里，布坎南写出了打动人心的《赞美诗片段》。那位极具爱国心的意大利修道士康帕内拉，因为莫须有的叛逆罪，在那不勒斯的地牢里待了27年。在那个见不到阳光的监牢里，他获得了更高层次的光明，他那本广为人知的《太阳城》，就是在这里完成的。

在被囚禁的岁月里，约翰·班扬写了《天路历程》。他的激情，只能够借助冥思苦想得以发泄。他的写作生涯也因为他的重获自由而结束了。他在监狱里还写了《天恩无处不在》与《圣战》两本书。在贝德福德监狱，班扬度过了12年的岁月，这段时间内，他只有几次与人会面的自由时光。麦考莱声称他创作了最好的寓言故事，他的成功，可能与其在监狱的漫长岁月有着很大的关系。

在班扬所处的那个时代，对于那些持反对意见的人，任何一个党派都会采用把这些人送进监狱的办法。在查尔斯二世时期，班扬就是这样被关进监狱的。在查尔斯一世时期，有着更多的优秀人才被囚禁于监狱之中。其中有约翰·艾略特勋爵、汉普登、普林等人。在伦敦塔中，埃利奥特被严密监视着，可他依旧写完了《人类的君主政体》这部巨作。诗人乔治·威瑟尔被关进了马夏尔西监狱，他的名作《对国王的讽刺》，就是在那里完成的。

共和政体时期，也关押过一些囚徒。在考斯城堡，囚禁着忠诚的威廉·达文兰德勋爵，他那被民众广为熟知的诗篇《龚迪伯特》，就是他在狱中完成的。传言他的命是豪迈的弥尔顿保全的。在达文兰德活着的时候，他也帮助弥尔顿躲过了生命的劫难。

查尔斯二世把许多杰出人士关进了监狱，这其中有威瑟尔、班扬和巴克斯特，还有《奥辛纳》的作者潘恩等人。在狱中，这些人都创作出了自己的作品。《生活与时代》的部分手稿，就是巴克斯特在高等法院的监狱里书写的。在被囚禁于伦敦塔时，潘恩写下了《没有荆棘就没有王冠》这本书。在女王安娜统治时期，马修·普莱尔在两年的牢狱生涯里，创作了《阿尔玛或灵魂的进步》。

在这之后，在英国，政治犯里的杰出人物慢慢地减少了。这时，最为著名的有笛福，他被戴上了枷锁，在公众场合予以示众。在狱中，他写了《鲁滨孙漂流记》和《立枷颂》两部作品。他还创办了《观察》杂志，给一大批杂志的出现开辟了道路，这之后相继出现了《闲谈》《向导》和《探索》等杂志。

背负着诽谤的罪名，斯莫利特被关押在监狱中。《兰斯洛特·格列威斯勋爵》这本书，就是他在牢狱生涯中创作的。在英国监狱中，最近出现的作家有詹姆斯·蒙哥马利，他的第一本诗集就是在囚禁于约克城堡的日子里完成的。还有一位叫托马斯·库伯，他是一位立宪主义者，《自杀者的炼狱》这本书，就是他在斯达福德监狱里完成的。

在意大利的监狱里，最近出现的最优秀作家是西尔维尔·皮立科。在奥地利监狱，他度过了10年的艰苦岁月，在那里他写出了趣味十足的《回忆录》，他深刻的洞察力，在此书中可以发现。卡钦斯基，这位匈牙利文学的复兴者，在地牢的7年时光里，他翻译了斯特恩的《艰难的历程》，还写出了《狱中日记》这本杰作。

我们提到的都是些被法律制裁的人，表面上看这些人都是失败者，可是他们并不是在真正意义上被打败。在一般人看来，他们都是彻头彻尾的失败者，可是他们的人生，却胜过那些平凡的人，在人类的历史长河中，他们的影响显得尤为深远。是否立刻能取得成功，这不是批判人们品格的标准。只要是殉道者的牺牲能带来光彩夺目的价值，那他遭受的苦难就是值得的，他也就会获得真正的成功。

《卡利斯伯爵关于教皇的讲演》一书这样写道："尘世中的失败者才会到达天堂。这意思就是，表面上的失败，并不一定是真正意义上的失败。胜利步伐的加快是以前辈的牺牲为代价的。那些伟大的人物，站在历史的前沿，为了让后人走上崭新的道路，他们勇于牺牲。正义的事业都要经历艰苦的磨难，对于那些曾经的失败者，我们绝不能忘却。"

那些优秀人物的生活，可以成为人们的榜样，后人们，同样可以以伟大的牺牲者为榜样。在活着的人们的行动中，伟大的举动会继续得以成长和存在，它是永存的，在后人的心中，它会被珍藏起来。伟人们的事迹真正开始流传的时刻，是在其生命结束的时候。

那些为了宗教和科学事业，追求真理，为此经受磨难考验的人，都是人类该尊敬和崇拜的人。他们追求的真理不会随着自己生命的消失而逝去，而将会永世流传下去。在表面上看，他们是失败者，可是最后，胜利的荣光将会属于他们。

1848年的《大众政治学》这样写道："在表面上看，他们可能失败了，可是这并不是彻底的失败，他们并没有浪费自己的时间，他们的工作也会产生影响。上帝知道我们有着平凡而纯净的动机，而且会用自己的智慧和双手把它强化。上帝作出了明智的安排。失败是不会属于善良与聪明人的，鸟儿会把你播下的种子带向远方，在你走后，你将会赢取丰厚的酬劳。"

他们可能被禁锢住了，可是哪怕监狱的牢笼再严密，他们的思想也是自由的。在他们思想的家园里，迫害者拥有的权力也没有作用。囚徒洛夫莱斯如此写道："监狱的石墙不过是一道围栏。铁栏杆困不住我的心灵。僻静的监狱是纯洁心灵的清修之地。"

从前，弥尔顿这样说过："那些能力最强的人都是最能忍受苦难折磨的人。"伟人大多都具有很强的责任心，他们能经受得住苦难与困难的历练，最后出色地达到工作目标。他们不怕困难，永不屈服，在耗尽心血到达胜利的彼岸时，他们也已经失去了生命的活力。在他们眼里，死亡并不可怕。我们会永远受到他们亘占长存的高尚精神的祝福与安慰。歌德说："苦难总会填充在生活里。除了上帝，再也不会有人向我们讨账。对待那些死去的人们，我们都该给予慈悲的关爱。对于他们的失败，活着的我们不要太过计较，他们做过哪些事情，这才是我们值得重视与关心的。"

舒适的生活环境不能让人受益，只有苦难和困境才能给人带去真正的好处。人的品格会受到逆境的检验。梅花香自苦寒来，优秀的品格都是在人历经磨难之后得来的。人的本性会在磨难中彰显出来，那些埋藏于内心深处的美德，也将会由此散发出来。他们可能看上去没有什么理想与抱负，可是当他们需要在困境里肩负责任时，他们所散发的品格力量是在平常无法见到的。在平时，他们可能自我放纵，可能待人柔顺，可是这时，他们却能够自制，充满了生机与力量。

不幸与好运是互相关联的，人们只要在苦难中获得了利益，那就是让苦难转变成了幸福。完美的幸福是不存在于这个世界的。人会在舒适与安逸里变得无法自拔，可是人往往会在困境与失败里获益匪浅。汉佛莱·戴维爵士说过："人的道德会因为个人生活里的幸福过多而损坏，人也由此走向堕落和苦难。对于你的幸福，人们会嫉妒和诋毁。"

在失败中，人们会强化自己的意志和改善自己的性格。快乐，或是温和，这些我们也能在悲伤中用特殊的方式得到。约翰·班扬在以前这样说过："要是失败是有价值的，那对于苦难，人们会表现出期盼，因为幸福都会在其身后出现。"

快乐是神的礼物，苦难同样也是神的馈赠，可是后者对于人的品格能够给予很好的磨炼。人会由此学会忍耐，学会服从，让性格日趋完美，思想也能变得更加高尚。荷尔普斯先生说："那些人类中最深邃的思想，最高尚的思想，它们的源头在哪里？不是来自于学识，不是商业活动，也不是感情的冲动，而恰恰是苦难。世界上也因此充满了如此多的苦难。人类因善意天使带来的苦难，而获得了很多的幸福。"

勇敢而虔诚的德克写了这样的一段话："那些历经苦难的人必将是人类里的精英。真正的绅士必然是温顺、柔和、有着耐心和平静的感情，并且为人谦虚谨慎。"在谈到几行诗时，黑兹利特说道："这些话是每个有良心有人性、乐观而具有才能的人都该谨记在心的。"

人类的高尚品格是在上帝预先设计的磨难中得以铸就的。悲伤是在追求幸福过程中不可或缺的因素。所以基督是这样生活的，在磨难中不屈地活着，在哀伤的生活里却满怀快乐，为了让其他人变得富足，宁愿自己与贫困为伍，看上去是个什么都没有的穷人，可是一切都在其掌握之中。

幸福与那些让人哀伤的痛苦是相通的。不幸的苦难是一种历练。人性中最闪亮的部分是磨难铸就的。说到成功，我们可以认为痛苦和悲伤是必要的条件。人类的才能由痛苦的磨砺得以成长。在雪莱的诗里，有这样一段话："诗人是苦难培养出来的，他们了解苦难的真意，并把它写成诗歌，让人传唱。"

人们在悲伤之后，会冷静地看待生活。大仲马这样问拉布尔："你成为诗人依靠的是什么？"拉布尔回答道："靠的是苦难！"拉布尔因为妻儿的逝去而悲痛不已，他只能在诗中排解自己的孤独和寂寞。因为加斯克尔夫人经历了家庭的劫难，所以她才创作出了杰作。一位作家在最近这样说道："在亲人离世后，人往往会靠娱乐活动来忘却生活的孤寂。这时他会广交朋友，扩大自己的社交圈。他也会开始创作起作品来。"

那些为了真理而前赴后继的人们，他们共同的一点就是，苦难孕育了伟大。

不再消沉，从苦难中崛起

上帝如果要赋予一个人伟大的职责，那必先让其经历苦难的洗礼，让他的意志变得更加坚强，体魄变得更加健壮。

只有经过各种困难磨炼的人，才能获得事业上的成功。他的行为规范也是靠此来铸就的。美德不表现出来是显示不出价值的，就如同那些山林中的隐士，他们往往会变得胆小、懒惰和缺少自我控制。只有懂得付出，承担责任的人才是真正的勇士。

要想学到有用的知识和增加才智，就必须积极地投入日常生活里去。在日常生活里，人们会遵守纪律，明白自己的责任，学会容忍，变得勤奋。在日常生活里，当人们面对困难、痛苦和各种各样的诱惑时，会在与它们的抵抗中变得坚强。在苦难的磨砺下，人们会学到有用于实际生活的知识。

人要更好地了解自己，就要与他人进行交流沟通，互相联系。真正认识自己的人必然是融入了社会的人。要是脱离了社会生活，人会变得自高自大，看不起别人。他会由此失去了自己的本性，更有可能变得孤僻，不能与人相处。

斯威夫特以前说过："能够对自己有深刻了解，并能对自己作出正确评价的人，他们一定不会是坏蛋，同样，那些品格高尚的人绝对不会是不了解自己的人。"可是，人们更倾向于了解他人，而往往忽视了对自己的评价。

自知之明是那些想要有所建树的人必备的品格，他们会因此具有坚定并且明确的个人信仰。对一位年轻的朋友，弗雷德里克·伯瑟斯这样说道："现在，你只是知道自己能够去做哪些事，你要想有成就，必须弄明白哪些事你不能做，这时，你的心态才会变得平和。"

喜欢向人求教的人，都是虚心的人，那些不愿向他人学习优点的人，都是自高自大的人，他们也因此难于成事，要完成伟大的事业，这对于他们更是不可能完成的任务。人应该勤学好问，从他人身上学习优点。

获取常识并不需要多么强的能力、耐心和谨慎，人们只要凡事小心就好了。在黑兹利特看来，那些有智慧的生意人，还有那些胸有城府的人，往往都是明白人，他们绝不会去臆测那些问题，他们都会以自己亲眼所见为基础进行分析。

在一般情况下，男性的直觉不如女性的强。女性的直觉大多迅速而敏锐，她们也有着更多的同情心，而且感情也是容易波动的。在与人相处时，她们会体现出温和的一面，还有圆滑的一面，虽然有些感情丰富的女性中，有人会缺乏理性，可是她们却能控制那些难于驾驭的人。

人们都是人生这所大学里的学生。人们可能不习惯经验这种教育的方式，特别是在这些经验教育里包含了痛苦、悲哀、诱惑，还有困苦时。可是这磨砺是不可或缺的，对在磨砺中获得的教训，我们也要加以重视。

在人生这所大学里，学生在经验中都获得了什么学识呢？他们是否提高了自己的才智？是否提高了自己的勇气？是否提高了自己的自控能力？但是无法辩驳的是，人获得的成果往往是在苦难的磨砺之后得来的。对于时间的宝贵，那些经验丰富的人是最明白不过的。马莎林枢机主教这样说过："我和时间是一个整体。"时间会把美带给人，对于那些受伤的心，它也会给予安慰。最好的老师就是时间，它是经验的粮食，也是才智的沃土。它可能是青少年的朋友，但也可能是他们的敌人，可是对于老人来说，时间往往是其心灵慰藉的良药。如何利用时间，这也就决定了人生是好还是坏，人生是否具有真正的意义。

乔治·赫伯特说："年轻人的梦想被时间所压碎。"世界在年轻人眼中是多么地光辉耀眼！满是新奇和愉悦。可是生活中不光有快乐，也会有悲伤，我们会从时间上了解到这点。不幸和失败不会是人生的全部，那些拥有坚定不移的信念，并且心灵纯洁的人，最终能够战胜各种阻碍，体会到快乐。对于痛苦，这种人会欢迎它的到来，他们即使面对最沉重的负担也会傲然挺立。

活力和激情是人生需要的元素，可是青春的激情，会在岁月的消磨下变得稀薄。青春的激情在人的成长过程中不断地被消磨，让它更加平和，也更加自制。青春的激情通过正确的引导，会让人变得更加健康。青春的激情让人变得更加无私，也会更加充满活力。褊狭则通过自私和自高自大表现出来。那些自高自大和自私的人，他们的生活里，是看不到春天的。生命的春天就是人的青春岁月，一些事情往往需要火热激情的鼓励才会去尝试，而成功更离不开青春激情的力量。人的工作质量会在激情的帮助下得以提高，它能给人以信心和希望，那些乏味的路途也要它的引导方能走过，它能让人愉快地承担义务，它也能让人自愿地为工作恪尽职守。

亨利·劳伦斯先生说过："人要想较为容易地去面对苦难和阻碍，他们就要学会直面现实……人们会在青春的激情和浪漫的气质里找到前进的动力。"亨利先生还说道："要勤勉地去培育和引导年轻人火样的热情。现实气质帮人找到有效的解决方法，浪漫气质让人走上新的道路，能将浪漫的气质与现实的气质进行融合，这是最好不过的了。在生命的暗夜里，浪漫的气质就像是一道曙光，它让人不会失去希望。"

个性鲜明是约瑟夫·兰开斯特的特点，在14岁的时候，他就阅读了《奴隶贸易中的克拉克森》。他在那之后，下了决心，决定要去西印度群岛，在那里教黑人阅读圣经。结果，他只带着几先令和《圣经》《天路历程》这两本书就离家出走了。

他成功地到达了目的地，来到了西印度群岛，可是工作该如何做？对于这点，他并没有想好。他父母为他的出走备感焦虑，在知道他去了哪里之后，马上把他带回了家。可是，这并没有影响他火热的激情。在以后，他投入到了真正的慈善事业之中，一如既往地去教育那些身处贫困中的人们。

在20岁时，约瑟夫·兰开斯特创办了他的第一所学校。附近贫苦人家的孩子马上就把他的学校填满了。他学校的房子也显得过于狭小了，他接连不断地又在附近租了许多房子，在兰开斯特，最后出现了一栋特别的建筑。在这栋建筑之外，写着这样的标语："只要你愿意让孩子来，我们就可以为你的孩子提供教育，教育是无偿的，不过，你要是能付学费，我们也会接受。"对于"我们国民教育的先驱"这一称号，约瑟夫·兰开斯特是当之无愧的。

丹尼尔曾经说过："人会在磨难中变得勇敢，谨慎是逆境教给人的经验。人在顺境里是无法正视一切的。"

磨难是一笔财富

世界上最悲惨的人不是没有钱财的人，而是那些没有经历过任何艰难险阻的人。

没有经历过任何艰难险阻的人，他的能力必将是平凡的，他也无法获得上帝赐予的美德，因为他没付出任何代价，所以也就无法得到任何的德行。真正的幸福必将要在大风大浪后才能体会得到。那时只要获得一个小的成果都能让自己心情愉悦。在人们看来，拥有健康身体、荣誉、权力和财富的歌德是个非常幸运的人，可是歌德却说："让我真正快乐的日子很短，它甚至还不足五周的时间。"

日复一日的美丽而无变化的幸福生活，没有苦难与悲哀的快乐时光，这些生活是人们真正想要的吗？幸福不会没有悲哀和喜悦，在悲伤的衬托下，欢乐也才更加畅快。幸福就像是一个难以走出的迷宫。苦难和幸运会是人生之路上无法丢弃的旅伴，它们会让人类体会到悲伤，也会让人们体会到愉悦。死亡也不是毫无意义的存在，人们会因此更加紧密地与现实世界联系，生活在它的对照下，也会增色不少。在托马斯·布朗博士看来，死亡这一要素，也是人类幸福中不可或缺的存在。可是在面对死亡的问题时，人类依旧难以表现出释然，致以同情的问候也是必需的表达方法。可那些为死亡悲伤凭吊的人，他们的生活与那些从未悲伤过的人相比，前者的生活更为丰富而出色。

不要对生活抱有过分的期盼，这是那些理性、乐观的人会逐步明白到的事情。在面对得来不易的成功时，对于可能降临的失败，他也有了充分的思想准备。他在期望幸福来临的同时，对于各种磨难，也会耐心地忍受。生活中对现实的哀叹与唏嘘是无用的，快乐必须在愉快的长期工作里找寻。对于周围的人，他们不会有过高的期盼，他们会保持克制和忍耐，与那些人和善地交往。弱点是每个人都有的，那些最杰出的人也不能免俗，他们也需要他人的容忍、同情和怜悯。完美无缺的人和物都是世界上不存在的东西。在被关入监狱后，丹麦女王卡罗兰·玛蒂尔达在教堂的窗户上，这样写道："上帝啊，我祈祷，让世人都能变得伟大起来吧。"

我们由此能得到这样的结论：人小时候的生活环境和内在的本质，还有家庭的幸福程度，能影响到人的素质。周围的榜样会影响到从双亲那里传承来的性格。因此我们要学会慈爱宽容。

我们的生活可以由自己的辛勤劳动来建立。每颗心都有一个自我开创的小空间。这个空间因为愉悦的心而变得高兴，因为饕餮的心而变得愁苦。"我的王国就是我的心。"这是万民皆准的法则。人能主宰自己的心，但也可能被心所奴役。我们的心会在生活里把我们的真实个性展露无遗。

这个世界，在善良人眼里是美丽的，在卑鄙的人眼里是腐败不堪的。我们要想满怀希望地快乐生活下去，那就必须具备高尚的理想，努力提高自己的道德修养，不因为自己的利益而忘却他人的权益。要是人的生活变得焦虑和沮丧，并且被阴谋诡计所包裹，那一定是我们为了扩大势力和满足欲望，变得太过自私的结果。

我们无法做到对所有事物都能够透彻了解。黑暗把那些不解之谜遮掩得密不透风，对于那些优秀人士必须在苦难中磨砺这一事实，我们可能无法明白其中的深意，可是对于这是生命所必备的部分这一事实，我们要懂得。

对于自己所肩负的生活职责，每个人都要恪尽职守。在世界上，职责是最重要的行为，它是不能被背弃的。在生活中，人该把职责制定为自己的最高追求，只有在完成生活赋予的职责时，人才会获得真正的快乐，其他的快乐是无法与这种快乐相提并论的。

春蚕到死丝方尽，我们也会在履行完人生的职责后与这个世界告别。上帝赋予了我们有限的生命，在自己的有生之年，每个人都要尽职尽责。我们会为这些工作耗费心力，最终会在完成时失去活力，可是在精神世界里，我们得以与世长存。对于我们来说，死亡不过是一段休憩的时光，我们把自己的肉体深埋在作出公允评价的墓碑之下。我们最后将成为山岭，或是尘埃的一部分。

成功者总能走出困境

每个人都会遇到困境，成功者与我们不同的是，他们总能想办法走出困境。

哥伦布是个勇敢的人，他身上同时也充满了激情。他相信在这个世界上，一定存在新大陆，他也为了这个想法积极地行动着，驶入陌生的海域，在那进行冒险的探索。他周围的船员因为绝望而与他为敌，并威胁他说："我们会把你扔进大海的！"可是他依然不放弃，满怀希望，最终找到了新大陆。

人们成就伟大事业的路途上，热情会给予人前进的力量。人们可能会因为缺少热情而被困难和挫折击败。一个人要是具有了无尽的勇气、坚忍的毅力、热情的激励与推动，他会变得无法被战胜，他在任何危险面前都能战斗到最后一刻。

勇敢的人是无所畏惧的，他永远不会放弃，最终，他将获得胜利。人们往往忽视了成功者背后付出的艰辛、面对的危险和忍受的痛苦，他们只注意到成功人士的愉悦。勒菲弗元帅在听到朋友赞扬他的财富与好运时，他说道："你是嫉妒我吗？我的这些财富，你可以用更简单的办法得到。你到我院子里去，走到距我30步外的位置，我向你开20枪，只要你活下来了，我的一切财富都给你。你敢这样做吗？你要记住，我是冒着枪林弹雨、面对生命的考验，这才取得了如今的成功。我在比你更近的距离里，让敌人射杀过，至少被枪射过1000次以上。"

只有经过苦难的人才有可能成为伟人，只有经历了千辛万苦的考验，最后才能摘得胜利的果实。人会在苦难的磨炼下获得行动的勇气。彗星的光芒会在日食里变得更亮，经过乱世的磨难，才能成长出英雄。天才在一定条件下是由突发和激烈的磨难造就的。高尚的性格会因为沉迷于逸乐而堕落。

人们在苦难的激励下学会自力更生、坚韧和努力。人会因为散漫和懒惰而变得难以成事。人会因为缺少苦难而变得毫无斗志，胜利的背后必然有着艰辛的磨难。人只有在与诱惑的抗争中才能学会自我控制。忍耐和顺从是痛苦与不幸带来的经验。力量、概率和美德都是产生于灾难与不幸之中的。

在与困难斗争的过程里，人们会成长起来。卡莱尔说："只有勇于面对困境，与困境作斗争的人才是强大的人，那些躲在家里的懦夫、养尊处优的人是无法望其项背的。"

人在富裕之中会少得烦心事重重。克里特说："我必然会乐于贫困的到来，请你们不要来得太晚。"贺拉斯说："他会写诗，也是贫困的功劳，它因此认识了瓦纳斯、维吉尔，还有马希隆。"麦克雷说："人的力量会在挫折中得以激发。我也过着与维吉尔一样的生活，可是在那几年间，我并没觉得自己是个穷人。"

塞万提斯遭受了贫困，这在西班牙人看来，这是值得庆幸的事情。要不是这样，那些伟大的作品，塞万提斯是写不出来的。托莱多地区的大主教去了马德里，他在那里拜访了法国驻马德里的大使，那位来自法国的大使说他非常钦佩写《堂吉诃德》的作者，他说自己非常想见那位作者。可是他们却被告知，在西班牙，塞万提斯只不过是个年纪偏大的穷人，现在还在辛苦地服役。这让法国绅士很吃惊，他说道："天啊！塞万提斯竟然是如此困苦。他为什么不靠《堂吉诃德》这笔巨大的财富过活呢？"大主教答道："上帝是不会答应的！他的灵感是在贫困中被激发出来的，由于他的贫困，世界得到了宝贵的财富。"

在许多伟人的一生中，都是在与困难斗争，从失败中振作起来，顽强不屈地继续抗争。但丁创作出的最伟大作品就是在他贫困的流放时期完成的。反对他的地方势力把他家洗劫一空，还把他扫地出门。在他缺席的情况下，他被判处了火刑。朋友说："只要你请求宽恕，向他们屈服，就能回到你的故乡佛罗伦萨。"可他却答道："不，我绝不会这样做。我不能用这种途径回到家乡。要是你或是其他任何人，能够让我不污损名誉地回到故乡，任何方法我都会欣然接受的。不然我是不会回佛罗伦萨的。"但丁的敌人没有对他表示宽恕，他在离开家乡20年后，死在了异地。可是在他死后，他的敌人依旧不放过他，在波伦亚，罗马教皇拉盖特下令把他的著作《论君主政体》当众烧毁。

同样在流放时期创作了伟大诗篇的还有卡蒙斯。在圣塔伦地区，对于与世隔绝的生活，他十分厌倦，由此参加了反对穆尔斯的远征，他的英勇威名也由此而广为人知。在一次海战中，他勇敢地冲上敌人的舰船，并为此失去了一只眼睛。他在印度东部的果阿目睹了葡萄牙人的各种暴行，他在无法忍受的情况下劝总督制止这些恶行。他也因为这种行为被流放到了中国。

他几乎死于一次航行中的暴风雨。万幸的是，他的手稿《鲁西亚德》逃过了一劫。苦难总是与他如影随形。在澳门，他被监禁了起来，最后有幸脱逃，终于回到了里斯本，可是却没剩下一分钱了。就在他回到里斯本不久后，他出版了《鲁西亚德》，他也由此声名鹊起，但是，这并没有带给他经济上的好转。他的生活只能靠印度老奴安东尼奥的乞讨来维持，由于有了这个忠心的仆人，他才没被饿死。他最后病死于一所公共救济所里。他的墓碑上这样写道："安眠在这里的人叫作路易斯·德·卡蒙斯，他是当代最杰出的诗人，他的一生是在贫困与艰难中度过的，他是在悲惨的苦难中去世的。"

在生命的大多数时间里，米开朗琪罗一直受到迫害。他被那些嫉妒者们迫害，这其中有粗俗的贵族、教士和各个阶层里的小人。他们心狠手辣，对于他的才华，毫不在意。《最后的审判》这幅作品，圣保罗四世也给予了指责。这位艺术家说道："教皇该专心去纠正那些给世界丢脸的行为，还有那些粗俗的言论与行为，这样做要比他对艺术乱作评价有意义得多啊！"

诽谤和迫害也常常发生在塔索身上。他有7年的时间是在疯人院里度过的，后来，他只能流落在意大利的街头。在临死前，他写道："对于命运，我不会对它的不公表示不满。那些忘恩负义的人，那些害我的人，他们不值得让我去说。"

大多数人都是在苦难的磨砺后完成自己最具意义，最具荣耀的事业，他们有的是为了逃脱苦难，有的是抱有崇高责任心，这让个人的悲伤变得不再重要。达尔文博士对一个朋友如此说道："我要不是因为身体的孱弱，就有可能不会获得这些成果了。"对于自己的疾病，多纳博士对人说道："我经常会发烧，这是大家都了解的，我就好像会让我随时进入天堂一样，我被疾病包裹在封闭的孤独之中，为此，我不停地向上帝祷告。"

席勒创作的伟大悲剧，也是在经历了残酷的肉体折磨之后，才得以完成的。亨德尔最伟大的时刻也是在最接近死亡的时候。他们的伟大作品都是在与病痛奋勇抗争后创作出来的，也因此，在音乐史上，这些作品能够得以流芳百世。伟大的歌剧《安魂曲》是莫扎特在债务和病痛的双重折磨下完成的。贝多芬在耳朵几乎失去听力的时候，陷入了极度的悲哀之中，可是这时他却谱写出了自己最杰出的乐章。

舒伯特的一生很短，他只活了32年，虽然只留下几本手稿、一些衣物和63个银币，可是他的一生却是辉煌的。胡德用自己痛苦的心灵谱写出了快乐的作品。他说："我只有伤感的旋律，我无法发现与欢乐同调的琴弦。"

在忍受苦难的事迹里，沃拉斯顿的例子尤为突出。在死前的最后几个小时中，面对病痛的侵袭，他强忍着痛苦口述了自己的发现，这让那些对于人类有益的知识，得以留存下来。

幸福往往包含于苦难之中。在波斯，一位圣者说道："不要恐惧黑暗，在它里面是生命的起始。"苦难是让人难过的，可它也会给人带来好的影响。学会承受、变得坚强不屈、锻炼出最高尚的品德，这往往是通过苦难的洗礼得到的馈赠。苦难的磨砺把品格变得完美。在极度的悲伤里，善于思索，并且具有耐心的人会找到智慧，这智慧远比欢乐中得到的丰富。

杰勒米·泰勒说："对于美德产生于悲伤和痛苦这一事实，我们要懂得。这些苦难让人们做事谨慎，时刻保持清醒，他们不再目中无人，也不再举止轻浮。上帝仁慈而理智地掌控着这个世界。要是上帝自己不想去经历这些磨难，他就不会使苦难成为幸福、美德、智慧和耐力的训练所，他也不会让这个世界产生苦难，更加不会对那些品德高尚、意志坚强的人施以苦难的折磨。"

能自己走出困境的人，必然是相信自己、不断进取的人。他们在能力不足时加强提升锻炼，能力足够时不断自我鼓励给自己信心和勇气。当然，也得益于，他们平时时刻地自我提醒和修养。

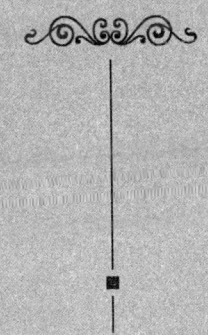

自我约束是进步的前奏

　　一个能够自我约束的人，一般自律自爱，做事井井有条、认真负责，进步只是时间的问题；反之，一个不会约束自我的人，控制不了自己的情绪、管不住欲望、不会遵守规则……放任自己的结果，就是再也难以进步，甚至会走向更深的歧途。

学会控制自己的欲望

一个人在生活中很多方面，都需要有能够自我控制的勇气。

可是，这种勇气只有在真正的生活中才会体现得最真实明了。自私的欲望会控制那些不能自我控制的人。那些与他们一样自私的人，也会把他们当成奴隶来使唤。这些人在虚假中生活，人云亦云，对于事情的后果，他们从不去考虑。对于物质享受，他们会拼命地去寻求。他们无法控制欲望，被欲望轻易地征服了，他人的利益也会因此被他们所损害。他们慢慢开始欠钱不还，最终沦为债务的奴隶。他们道德怯懦并且卑劣。他们没有独立自主的品性。

正直的人不会掩过饰非，同样也不会矫饰自己，他们所探寻的，就只是真实的生活方式。他们不会靠着别人的救济过活，他们不会超额消费，只花自己能力范围内的钱。他们认为欠钱过活的行为就如同当街行窃一样可耻。

有人也许认为这样说得过于严重了，可是这样才能让人可以通过最严格的考验。靠他人过活是不正直的行为，这种生活是虚伪的，它被谎言所包裹。乔治·赫伯特有句名言，他说道："欠债与撒谎是一个道埋。"这话被许多事实加以验证。霍斯奠格·拉兰监狱，有位叫沙夫茨伯的牧师，在提交给苏蕾法庭的年度报告里，他阐述了自己的观点："对于抢劫罪，我认真研究了那些犯此罪的犯人性格，得出了结论。他们去抢劫，不是由于无知、酗酒、贫困和富裕生活的诱惑，而是由不诚实导致的不劳而获的欲望引起的。"他认为一切不道德的行为都是由不满的欲望引起的。对于米拉波的名言"伟大的敌人就是那些无关痛痒的道德"是不能相信的。一切高尚品格都需要建立在严格遵守所有道德的基础之上。

那些靠借钱过活的贫困者绝不会是过着节俭生活的正直人。对于自己的欲望，他能掌控得好，就算挣的钱不多，也不会让他陷入贫困之中，能够让进出资金平衡的人，他们就是富翁。对于那些运到雅典的大量财宝、珠宝首饰和价值不菲的家具，苏格拉底这样说道："我是不会去奢求这些我看到的东西的。"泊瑟斯说道："对于自私，这也不是难以宽恕的事情。

在最贫困的生活里也会有些你我拥有的大笔财富。那些生活必需品是最穷的人才会担心的事。人们要想安排好日常生活，只要学会节俭就够了。"

不会被发财梦困扰的人都是没有奢求欲望的人。法拉第就是这样的人，他放弃大笔的财富，把一生奉献给了科学事业。他不会为了生活的愉悦而去借那些无法偿还的钱。欠了许多债务的马金，他被人问道："你拿什么付酒钱？"他说道："我也不知道，我只知道我的账单上又欠了一笔钱。"

意志薄弱者的堕落就表现在记账的行为上。他们屈从于诱惑，为此，总是去借钱。可是借债是商业竞争里被加以鼓励的行为，那些借债人希望借此获得最大的利益。一次，希尼·史密斯去拜访新邻居。当地报纸称这位新邻居是贸易往来很多的人，每个行业都会受到他的影响。可是史密斯先生的拜访让这位邻居有了清醒的认识。他说："我们也和普通人一样，没有什么过人之处，也遵守有借有还的原则。"

黑兹利特虽然不太节俭，但他诚实并且正直。他这样评价那些向人借钱和无法存积财富的人，他说："浪费钱财的人会把钱花在最先看到的事物上，他们的钱总是不够用。那些借钱的人总是找人借钱，最后被这种本领引向堕落的深渊。"

我们能找到真实的例子，谢里登的事迹就能说明问题。他花钱无度，一没钱就去借，他向每一个信任他的人都借了钱。他也因此在竞选议员时被这些欠债弄得名声扫地。帕默斯顿勋爵说："在他演讲台前，围满了向他索要欠款的无辜者。"可是谢里登在这窘困的时刻依然取笑着他的债权人。这一切被帕默斯顿勋爵看在眼中。他的债权人不会被谢里登得体的举止所迷惑，他们会怀疑他的德行。

人们在那个时代对于钱财问题的道德论调不高。那些挪用公款的行为，都不会受到很大的责难，对于那些挪用公款的追随者，有些政党的首脑往往会给予保护。他们表现出大度的容忍，认为这些人只要不损害他们的利益就没事。他们认为自己是显贵，他们的宽容让当地利益被损害，那些挪用公款的放肆行为被加以纵容。

皮纳尔上校，他在康利沃斯担任爱尔兰总督时期担任军队账目的审计师一职。康利沃斯说："我从小只学到一点有价值的东西，那就是，我需要一个诚实并且正直的人。"

在不侵占公家财物的人之中，卡沁勋爵可以说是第一人。

他在位时没有拿过公家一点钱。他的光明磊落遗传给了他的大儿子。面对数百万的巨款，皮特丝毫不被引诱。他一生公正清廉，临终之时也是孑然一身。对于他的诚实与正直，那些恶毒攻讦他的人也不会怀疑。

政府官员在以前有着很高的薪酬。16世纪有位出名的买官者，他叫奥德蕾，他买了法官的职位，别人问他为此花了多少钱，他回答道："有许多人渴望进入天堂，可是与那些不在乎下地狱的人相比，后者数量更为庞大。对于哪个人不害怕恶魔，这是众所周知的事情。"

作为诚实正直的君子典型，瓦特·斯科特是毫无争议的。他的传记写道：他尽自己所能偿还一切与自己有关的债务。他的书稿无法出版，因为他没钱。他已经快到了倾家荡产的境地。可是在他最艰难的时候，他也不去乞怜他人的怜悯。他的朋友愿意借钱帮助他还债，可他骄傲地说道："不需要，我自己会偿还的，靠我右手的努力写作去偿还一切。"他给朋友写了封信，在信中说："除了清白的名声，我所有的东西都可以失去。"他的身体被过度的工作所影响，可他仍然努力地写作，如老虎一样地写作，他在不能动笔时终于成功完成了任务。他还清了所有的债务，以生命健康作为交换，维护了自己的名声，也保全了自己的自尊。

霍尔上尉说："我认为，面对财产的损失，人们没必要表现得过于烦恼，在人生的众多不幸中，它只是很小的一点罢了。相比而言，失去朋友的痛苦更为强烈。它是如何产生的？这才是问题的关键。要努力去弥补那个灾难造成的后果。这个痛苦要是降临在正直人的身上，那我会真诚地希望他们能够解决问题，能够迅速而圆满地解决。"

斯科特在痛苦、悲伤和家境贫困的时候写下了许多作品，有《伍德斯托克》《拿破仑传》《科隆隔特编年史》《杂文集》《祖父的故事》和一些季刊上发表的文章。他要靠这些收入来偿还债务。他说："我在欠债时连睡觉都不踏实。现在我终于卸下了这个包袱，我在听到债权人的感谢词后，心情变得舒畅多了。我为自己维护了诚实和正直的信誉而感到非常自豪。我保全清白名誉的道路上充满了黑暗，让人心情压抑，而且显得很漫长。我可能会在痛苦中死去，可是我宁愿在光荣中逝去。债权人会因为我偿还债务而信任我，我的良心也不会失去。我也只有这样才不会心绪不宁。"

他在此后写了更多的文章和回忆录。他瘫痪前写了《伯恩的漂亮女仆》《吉尔吉斯斯坦的安娜》《祖父的故事》等文章。可是他在瘫痪中一恢复，就继续写作，他不顾医生的提醒，书写着《恶魔和巫术之研究》和《拉德勒百科全书》，他的工作没人能够阻止。对艾伯克伦比医生，他这样说道："要是装满水的水壶在炉火上可以不被烧开，那我就停止工作。无所事事的生活会让我发疯的。"

斯科特的欠债因为他努力地工作慢慢减少。他认为，在不久以后就能还清欠款，由此重获自由。他已经难以再写作了，可他还是坚持续写《罗伯特伯爵在巴黎》，他也因此加重了病情，让瘫痪变得更加严重。他在这次感觉到自己已经没有多少精力了，可是他还未丧失掉自己的勇气与毅力。在日记里，他写道："我感觉到了痛苦，很大的痛苦，可是这不是来自心灵的折磨而是来自肉体的伤痛。我想一直这样睡过去就好了。可是我会坚持到死，永不放弃。"

他再次由瘫痪中恢复过来时，他的手指已不再灵巧，现在都不太受他控制了，可是他还是坚持写作，完成了《危险的城堡》。他在此后去意大利做了最后一次旅行，来让身心得到休息，从疲惫中恢复过来。他在旅行期间去了那不勒斯，在那里他又开始写新的小说，没人能阻止他每天上午几个小时的工作，可是，让人失望的是，最终这部小说他还是没有写完。

回到阿伯伏德不久，斯科特就与世长辞了。在回到阿伯伏德的途中，他说道："我去过许多风景名胜，可是那些地方带给我的快乐远不如自己家给的多，在家我才是最轻松愉快的。"他会在清醒时提起自己的成就："我可能是这个时代作品最多的作家。我拥有永不动摇的信念，我有着生命的决心与勇气。这让我能感受到轻松愉快，也能给我带来安慰。"

洛克哈特与他伟大的叔叔相比，他的虔诚行为一点也不逊色。他用了几年时间写完了《斯科特传》，并借此获得了成功。可是他没有获得一分钱，他都用去还债了，哪怕这些债务与他毫无瓜葛。他之所以写这部传记，是为了纪念这位杰出的逝者。

你的欲望，如同你的债务，若是控制不好，你将受到牵连，因此变得穷困。

伟人们都懂得自我克制

快乐的性情会让那些地位低下的人的心灵变得伟大、乐观、高贵和高尚。

法拉第是自学成才的科学家，正是他发现了电磁感应原理。对于法拉第的性格特征，廷德尔教授的精彩描叙就如同绘制了一幅精美的图画，一幅自我克制而为科学事业刻苦努力、辛劳付出的图画。法拉第在这幅图画中展现了自己的性格特点，他倔强、脾气古怪、容易冲动，可是也有温和敏感的一面。廷德尔教授说："他火山般炙热的激情潜藏在温文尔雅之下。他容易冲动，而且脾气也很暴躁。可是他火焰般的激情在高度的自我控制下，变成了生命的活力，这股力量没有被浪费，它变成了一束光芒。"

自我克制的品格存在于法拉第的性格之中。他在投入了全部精力的分析化学事业上获得了杰出的成就。在科学的探索之路上，他抗拒了所有诱惑。廷德尔教授说："他父亲是位铁匠。他当过装订工的学徒。他没有选择15万英镑的巨额财产，而是选择了科学的事业。最后，他离开人世时，身上没有一分钱。可是，英国科学名人的光荣榜上，40年里都是他的名字独占鳌头。"

安格迪尔，这名历史学家面对拿破仑的政权毫不屈服，他是法国少有的几个不畏强权的文人之一。他贫困潦倒，每天只有最低的消费去买面包牛奶，用来维持生活。一位朋友对他说道："我每天要节省一点，是为了讨得征服者欢心，我要在日后送礼给马伦戈和奥斯特里兹。我每天存的钱与你用的钱差不多。你现在如果生病了，就只能靠救济金来过活了。你要想生活下去，也要像其他人那样讨好皇帝啊。"安格迪尔不屈地说道："要是那样的话，不如让我去死！"可是贫困并没有夺走他的生命，他活了94岁。临死之前，他说："我这个将死的人依然活力无穷啊。"

这种杰出的自我克制品格在詹姆斯·奥特勒姆先生身上也能发现。他展现的形式又是以另一种方式来表达的。他能克制自己有利的生活条件带来的影响，这品质就如伟大的亚瑟王身上具有的一般。他一生表现出的高尚宽容精神是所有人都敬佩的。对于某些他不赞同的政策，他不会逃避，依然会尽全力贯彻执行这项任务。对于侵略新德地区，他个人不赞同，可是纳皮尔将军认为他带领的部队是做得最好的。征服者在战争结束时无所顾忌地在新德地区进行抢掠。奥特勒姆说："我反对这场战争，对于这场行动，我也是不会加入的。"

哈克洛夫在攻打拉克瑙，他带领着一支强大的军队前去支援。此时，他体现出了强大的自我克制能力。他是哈克洛夫的上级，有权担任战场的总指挥，可是他愿意听从这位部下的调遣，让他统领全局。克莱德勋爵说："奥特勒姆大将因此受到了大家的敬仰。他愿意与他人共享这份荣誉和光荣。这品格是多么的崇高，多么的高尚啊！"

只有在任何事情上都能够自我克制，才能拥有平和与光彩的人生。人类是不能缺少容忍与克制这两项品德的。理智不能受到脾气的左右。那些坏心情、坏脾气、刻薄的表现和嘲弄他人的行为是要尽量避免的。这些恶习会在人们疏忽大意时乘虚而入，在我们本性中埋藏，甚至对我们心灵给予控制。

杰出的人物都具有容忍和宽大的品格。茱莉亚·韦奇伍德夫人说："所有精神礼物里最珍贵的就是理性的宽容。"佛朗西斯·霍纳在信中写道："那些直率、冒失和热情的朋友里总会有好的榜样。可是那些意识狭隘，与他人意见往往不合的人，总是挑起是非，毫不在意他人感受，这种人也往往会在政治上与那些局外人说东说西。"我们自己身上可能也拥有本人无法察觉的怪癖。就像南美的一个村落，人们普遍患有大脖子病，那里的人认为，没得病的才是不正常的人。

只有尊重他人的人格才能与人和睦相处，从而得到他人的尊重。我们不能苛求别人都拥有与你一样的处世方式和性格，面对不同品性的人，我们只有拥有宽容的心态才易于交往。一次，他们看到路过的一群英国人，"看看那些人，他们的脖子太小了！"他们如此嘲笑道。

人们会因为别人对自己的某项特点或爱好提出意见而苦恼。那些总以自己为出发点考虑问题的人容易心情烦躁，由此导致坏脾气。这种现象在生活中普遍存在着，这也反映出那些人缺少宽厚仁慈的品德。我们毫无必要为了他人不怀好意的态度而烦恼。乔治·赫伯特说："我们的口无遮拦，最终会害了我们自己。"

法拉第不仅学问丰富，他还极富教养。这位伟人给他朋友廷德尔教授写了封信，他在信中阐述了自己的意见，他的建议充满智慧，令人钦佩，其中还包含了他丰富的人生经验。他写道："我已经快走到人生尽头了，我现在此时把我人生经历中的感悟告诉你。我年轻时也经常误会他人，可是那些会刺痛你的话还是假装听不见为好，值得你品味的是亲切友好的话语。谎言无法掩盖真相。对待那些有着不同观点并且见解错误的人，冷淡的无视比强硬的抗争更加有效。在我看来，应该去更多感受别人的善意而不要纠结于党派间的偏见。人生会因为人与人之间的和睦交往而变得更加幸福。你可能无法知道，我也会在暗地里对别人的反对恼怒，可是我总会尽最大可能地克制自己，我因此不会正面与人发生冲突，这样做对我是有好处的，它让我不会损失掉什么。"

画家巴里总喜欢与人争论。一次，他前往罗马，在那里遇到了罗马的艺术家和艺术爱好者，他们对油画与绘画经营问题进行了激烈的争论。他的同乡兼好友埃德蒙·伯克是位胸怀大度的人，他写了封充满感情的信给巴里，信中写道："亲爱的巴里，我不会欺骗你，你要信任我，世界的邪恶可以靠武器来制裁，可是要想与他人相处得更加融洽，就要学会节制、温和与宽待他人，还要能够自我反省。在有些人眼中，这样的行为会显得卑劣，可这才是伟大并且崇高的品格，它会使人变得更加冷静，还会让好运降临在我们身边。对于流言蜚语、欺骗和暴力争端，只有具有了平静的心灵才能从容面对。我们就算不是为了他人而进行和睦的交往，也要为自己的利益考虑，友好的关系对我们有利。"

伯克给予了巴里这样的建议，可是他本人性格也不完善，他的脾气也是有弱点的。一次，在伯根菲尔德，他病倒了，福克斯特意赶来看他，可是因为政见的分歧，他不肯与之见面。福克斯把此事告诉了好友科克。在科克看来，伯克太过顽固，可福克斯却说道："没关系，可能每个爱尔兰人都有点糊涂。"宽宏大量的福克斯在伯克临终时写了封信，这封信是写给伯克夫人的，这封信充满了他诚挚的敬意，表达了他亲切的友善之情。伯克生前想，他死后最好能埋葬在威斯敏斯特教堂，要是不行，就改在伯根菲尔德好了。在他死后，福克斯首先就建议把他葬在威斯敏斯特教堂。

对于自我控制的价值，诗人伯恩斯深有体会，他能把这观

在绝望中寻找希望

点传达给人们，并且让人的内心接受它。可是伯恩斯的自我控制能力在现实中也表现不佳。他经常会不由自主地用刻薄的语言来嘲讽他人。对于此，一位传记作家写道："可以毫不夸张地说，他的每一个玩笑就会产生10个敌人。可怜的伯恩斯，他总是放松对自己欲望的控制。他也因此付出了代价，放纵让他堕落，也让他的名声被污损。"

他甚至会去谱写一些低俗的乐曲来满足酒吧间的需求，可是青年人的思想，往往会被这些乐曲所毒害。诗人还是有不少精美的诗篇的。只是这些优秀作品与不道德作品相比，它的好处远不能弥补后者所造成的危害。

人们称伯纳戈为法国的伯恩斯。伯纳戈也是个天赋异禀的人。他渴望成为优秀的人，他想获得快乐。他深得同乡的宠爱，那是由于他掩盖了现实的罪恶并且把法国的浮华大加吹捧了一番。在法国，对于拿破仑王朝的重建，伯纳戈歌曲和梯也尔的历史著作起了重要的作用。可是伯纳戈的许多歌曲对道德的败坏作用更加大，它远不能用其功绩来补偿。法国到处流传着这些歌曲，其道德也被这些邪恶肮脏的歌曲而败坏。

伯恩斯最好的诗篇就包括了他28岁时写的《一个诗人的墓

志铭》。这在人们看来就好像是他对自己人生经历的描写。对于这首诗，沃兹沃斯评价道："他在此做了严肃和彻底的反省。他公开了自己的遗憾。他的忏悔是虔诚的、理性而且具有人性的。他就像是一个可以预料到的历史。"这篇诗歌写道："亲爱的读者，留心你的灵魂，仔细观察它。它是在幻想的海洋里游弋，还是消失在杳无声息的夜色里？无论在哪种情况下，对自我控制这条智慧的根本教条要牢记在心。"

酗酒是伯恩斯主要的恶习，他的其他的一些恶习也由此而来。他不是个沉迷酒精的醉汉，他面对酒的诱惑，无法抗拒，酒精让他的控制力减弱，他的整个品质也由于缺少克制力而不断堕落。可悲的是人终生都会受到酗酒欲望的影响。这种恶习也是现在最流行和最让人堕落的坏习惯。

对不诚信的行为说"不"

我们毫不怀疑，世界上具有最好物质基础的国家就是我们的祖国。我们拥有愿意工作的工人，他们也都能圆满地完成工作。可是我们不愿意有人马虎地完成工作，我们需要能优秀地完成工作的员工。我们的员工不会因为工作完成得不好而罢工，他们都只会为了得不到法定工资而进行罢工。我们不需要更长的劳动时间，我们需要的是质量更加优秀的工作。那些不正直也不诚信的工人让英国的产品在世界各大市场受到轻视。

美国也有一样的想法。处处都能印证"上帝不会去密苏里以西"这句谚语的正确性。美元成了各处的崇拜对象，它是万能的，它成了主宰一切的存在。沙克门托写过一篇文章，文中写道："美国人热爱金钱，他们这个民族也制造着金钱。他们的贵族就是钱，没有其他的贵族或是女王能约束他们的行为。"其他一切价值在对财富的渴望面前都不值一提。商业上的欺诈是他们行业内的规则，而不是特例。我们不管是否会对人造成毒害，在粮食中掺着假。我们为了节省成本，不惜采用廉价的材料，制成有毒的药品。我们卖假冒的毛料制品。我们出售那用胶合木做的假冒实心木板。我们建起质量奇差的房子，简直就是用劣质材料堆砌成的简陋窝棚。我们做的每一笔生意，都离不开对身边人的掠夺和欺诈。我们只对赚钱有兴趣，没有时间考虑自己如何免遭欺诈。在遭受欺诈后，依旧不改正，也用欺诈别人来获取补偿。

我们这种国民的特性让我们付出了沉重代价。我们民族的诚实正直的意识正在快速消失。在那些落后的国家里，由帝王统治的愚昧国家里，人们还保有着正直与诚实，出此生活得比我们幸福。欺诈在那里是犯罪。冒名顶替的人一旦被发现，他就会受到严厉的处罚。可是这些国家很落后。它们连自由是什么都不知道。它们没有美国的独立日，它们也没有商业繁华的华尔街。它们没有鳕鱼，它们同样也没有冒牌贵族。这个事实它们也不知道，为了寻求生命、自由和幸福，每个人都能欺骗邻居，而且可以拒绝赔偿。美国人开始的观点比较奇怪，他们认为，公共教育系统导致了工作的坏处和不自愿干好工作的态度。在成为体力劳动者前，每个人都受到过良好的教育。美国人没有学徒，他们也没有仆役。我们的说法并不是空穴来风。在《作家月刊》中，一位作者这样写道："在美国，他们在教育系统里建立了一个神，只要是说他的坏话，就是背叛的行为。只要对其价值观产生了怀疑，任何一个人都会被当成危险人物，他们会被教育矫正。但是让我们把眼睛睁大，好好看看这个事实，这种教育成为人们工作准备时的障碍，对于那些依赖手工技巧的工作尤其如此。它是华而不实的，是让人似懂非懂的半成品教育。"

个人是卑鄙的，国家和政权也是如此。占它们总数百分之三的政府衡量着它们的行为。在西班牙、土耳其和希腊，它们这些国家的商业界是缺少诚信的。它们的人民因为南美殖民地获得的黄金而变得懒惰。在今天的西班牙，人们以工作为耻，可是却愿意以乞讨为活。希腊欠下的许多债务都未经偿还。就如土耳其一样还不起所欠的债务。加工制造的工作在这些国家都交给了外国人去干。

对于美国费城，还有美国其他那些早就在几年前把欠款赖掉的州，它们相较而言要更有希望。这些富裕州的人民把国外的借款用来修路开渠，它们州的人民因此变得更加富有。希尼·史密斯这位可敬的人，他把在拮据生活里攒下的辛苦钱借了出去。这一举动，让全世界都了解了他的损失。在华盛顿的国会大厦前，他发表着他的抗议。后来，他还把自己写的抗议书发表了出去。他说道："美国人自我吹嘘地认为革新了旧的世界，可是这个新的秩序一样充满罪恶。它这样一个伟大的国家，鞭挞了世界各地的暴君，可是它却犯下了空前的欺诈罪行，这就如同欧洲最堕落国家的最卑鄙的国王一样可耻。"

行为高尚的伊利诺伊州却很穷。它也与费城一样借钱完成州内的建设。许多穷州在富裕的费城欠钱不还事件被揭发出来后也都想效仿。每家的户主都拥有一张选票，要是他们不正直是很好把钱拖欠掉的。在伊利诺伊州的首府普灵菲尔德，他们开了一次大会，会上对于赖掉债务的法令，议会进行了讨论。可是一个正直的人在法令通过前阻止了他们。我们说下那个人高贵的名字吧，他叫史蒂芬·A·道格拉斯，他在出席大会前还因病躺在旅馆里。他病得不能行走，是叫人抬到会议现场的。他就是在那躺着写下了自己的意见。他的意见也成了代替那个逃债法令的决议："伊利诺伊州即使没有还过一分钱也要做到诚实无欺。"

这份决议让在场每个人的感情受到了触动，人们表达了热烈的拥护，决议顺利地通过了。这有力地压制了欠债不还的不良风气。这个州的运河债券也由此马上升值，越来越多的移民，还有随之而来的大量资金都流入了这个州。现在美国最繁华的几个州里就有伊利诺伊州。它相比其他州有着最长的铁路线。它的平原广阔，都被开垦成了大片的农田。在这农田中散落着无数个祥和幸福的家庭。这就是正直力量作用的结果。

我们的确已经变得很自私了。对于自己，我们要考虑得比别人更多。我们愈加追求享乐就愈加不会关心自己的同类。别人的需求在自私的人眼中是毫不在意的。他们没有任何防备武器，把自己封闭在一个独立的空间里。他们会被穷困和痛苦所侵袭。他们面对那些给予他们满足感的人，才会开放自己的感情。圣·克里索斯特姆说道："一些人来到这个世界上，他们目的就是为了养肥上帝给予的身体和追求享乐。上帝面对满是奢华食品的餐桌会大发雷霆，那是魔鬼才会有的狂欢。他这种行为有德人也会惊讶，连仆人都会讥讽地嘲笑。这奢华的宴会只会留给暴君和犯罪发财人去享用，正直的人是不屑一顾的。

这份奢华也是那些享乐者们被苦难折磨的原因。"

在艰苦条件下，我们已经不知道如何生活。一个人不奢侈就没法生活。一个人占有丰富的财富并不是他生命的意义。他在贫穷中也要坚守诚实。要前往基督徒寻找境界的圣地，他需要省去无用的开销，还要具有古人品格的力量。那些需求适当、不贪婪的人，他们才是我们这个时代最需求的人。拉克代尔说："让我感受最深的是一间小屋里的一颗伟大的心。那些人传播着真善，他们是幸福的。在丰收面前，他们也不会堕落。"

有一个守信的案例，是关于一个德国正直贫农的。这个故事在圣帕瑞写的《大自然的考察》里有记载。在1760年，他住在郝斯，供职于考特·圣吉耳曼公司，在那里担任工程师。在那里，他第一次开始熟悉起了战争。毁掉的农场和劫掠后的村庄是他每日要经过的地方。村庄里，男女老幼含泪出逃。对于摧毁村民劳动成果的举动，武装分子们引以为豪。可是在这暴行肆虐的圣帕瑞，有一个穷人的行为给这个饱受摧残的城市带来了一丝暖意。这位穷人的屋子和农田在路边，这条路也正好是军队前进的道路。骑兵上尉带着一队人马四处打探着，他们的任务是搜获粮草。他们来到了一个简陋的小屋前，他下马敲门后，一位白胡子老人把门打开了。这个上尉说道："带我们去有粮食的田地。"老人答道："好的，长官，立刻就走。"他带着这些军人向山谷上方前行。他们走了一个小时，前方出现了一片田地，是一大块麦田。军官高兴地说道："这真是太好了，问题解决了。"可是老人说道："先别动手，再往前一点，到那里去割吧。"他们于是走到了下一块大麦田。士兵们下田把庄稼收割后，捆成一束，然后都放到马背上。上尉说道："朋友，你把我们带到这么远的麦田有原因吗？我们最开始见到的那块与这块相比，是一样好的啊！"老人说道："没错，就是一样好的。可是，这块田才是我自己的！"

诚信的人，首先想到的是他人而不是自己，也正是他们让人世间的真善美传播得更远。

不要让信任自己的人失望

世界的引领者应该是那些坚强勇敢的人。

生命会因为人的正直的品格和旺盛的精力散发出耀眼的光芒。他们的思想、精神与勇气会被人们记住，并且作为激励后人的榜样流传下去。

各个时代犹如奇迹般的热情都是精力在意志中起的作用。任何伟大的行动都离不开精力，它是性格力量的源泉。勇气是意志坚定者进行正义事业的保障。去见格里斯的行为遭到了大家的反对，可是戴维依然勇敢地去做了。他的行为就是个很好的例子。

自信会引导人走出困境的泥潭。在一次远航途中，恺撒的船队遭遇了风暴，船员们被惊涛骇浪吓得手足无措。伟大的船长恺撒说道："有我恺撒在，你们没有什么好担心的！"他的勇气使其他人也振作了起来。恺撒用他坚强的意志平息了慌乱，激励着大家与风暴战斗。

在有着坚强毅力的人看来，没有任何困难是能让他们止步不前的。第欧根尼很敬仰犬儒学派代表安提修斯，他亲自上门求见大师，提出要拜其为师。安提修斯断然拒绝了他的请求。第欧根尼毫不气馁，坚持拜师。最后，安提修斯举起棍棒要逐他出门。第欧根尼说道："我是不会放弃的，你的棍棒是不会比我决心更坚硬的。我任凭你打。"看到他如此坚持，安提修斯被感动了，最终将其收入门下。

只有才智而无精力的人远逊于兼具两者的人。精力会让人变得坚强而上进。活力、力量都是精力供给的，他让人有了实际的行动。人具有了精力和智慧，还有忍耐，坚持不懈就能成就任何事情。

那些成功的人里，有些人并没有出众的能力，可是他们身上往往具有了不起的精力。并不是只有天才才能够影响世界。有些人凭着持之以恒对信仰的追求，在坚定的决心和不衰的精力协助下影响了世界。历史上有许多例子可以证明，穆罕默德、路德、诺克斯、加尔文、诺亚纳和威斯利的事迹都能佐证。

　　面对困难时，只要你具有了勇气、精力和毅力就能闯过它的关卡。勇气会让人无畏地面对困境。对于法拉第，廷德尔评价道："他的决心产生于激动和兴奋的时候。冷静的思考让他更加坚定了决心。"

　　具有坚强毅力的卑微之人也可以摘取甜美的果实。对他人的依赖是没有意义的。在迈克尔·安吉洛的一个庇护者去世时，他如此说道："诺言这种东西都是不可靠的东西，相信自己，开创自己的道路，实现自己的价值，这样才是最适当、保险的方法。"

　　柔和与勇气并不冲突。柔和不是女人的专利，男人身上的不会比女人的少。查尔斯·纳皮尔和查尔斯·威廉兄弟俩都不会嘲笑和戏弄他人，他们的性格都很温柔。纳皮尔的传记有这样一则小故事。

　　有一天，他出去散步，走到了弗莱西德附近。在那里，看到一个5岁大的小女孩在路边哭泣。他走上前去问明了原因。这孩子在给父亲送饭回来的途中摔破了碗，因为害怕回家受到责罚，在路边担心得哭了起来。

　　小女孩看着这个好心人，突然间有了希望，天真无邪地说道："你可以帮助我把碗修好吗？"他有点一筹莫展，他不会修碗也没带钱出门。可是他想帮助这个女孩，他告诉孩子，明天同一时间他会买个碗送来，让她母亲不要责罚她。这个孩子放心地回去了。当晚，他在家收到了邀请函，要他在明晚参加巴斯家举行的宴会，宴会上有个人是他渴望见到的。为此他犹豫了，可是考虑到去的话会赶不上与那位女孩的约定，他还是婉言拒绝了邀请。他是这样告诉孩子们的，他说："我不能让信任我的人失望。"

对于查尔斯·纳皮尔，詹姆斯·奥特勒姆称他为"印度的贝雅德"。在印度，贝雅德是勇敢和温柔的象征。纳皮尔尊重妇女、关爱儿童，他同邪恶抗争。对于那些诚实和正直的人，他会表达无比的敬意。他是个真正高洁的人，坦荡为人。福尔克·格富维尔如此评价道："他的崇高精神是无人能与之比肩的。他勇于开拓，善于改革。他勇敢和正直地采取行动，让他的行为都显得伟大。他的目标就是为了人民的幸福。他会把自己的一切奉献给自己的国家和国王。"

在波伊克尔战争中，爱德华王子取得了胜利。在晚宴上，他热情招待了两个俘虏——法国国王和王子，他亲自服侍这两位俘虏用餐。法国国王和王子被他的骑士风度和恭敬的态度感动。爱德华无愧于勇士的称号。他是骑士精神的象征。他以"高尚的精神和诚挚的服务"为座右铭。他的杰出品质也由此体现了出来。

超越自己，别缺失道德

道德、勇气是一个人抵御社会不良影响的基础。

格兰帝夫人的影响力远比她的名气大。我们的社会女人往往比男人更容易被阶级的道德规范所束缚。习惯的礼仪存在于所有生存环境之中都有各自的一套。你必须遵守所在阶层的礼仪规则和习惯。风尚、习惯、意见都会把人束缚住。

很少有人能从党派和生活圈子中跳出，他们大多缺少勇气，因此也就没有独立思考的行为能力。他们在自己礼仪交流的阶层里，为了达到符合习惯的规则生活，他们哪怕要为此破产和痛苦，也必须讲究吃穿。

时髦已经被变得不正常了。人们在公共场合和私生活中都表现出道德的软弱。穷人如今也同富人一样势利。现在那些势利小人不仅对上级欺骗，而且对他们的下属也是满口谎言。政治上的权力也给了人民群众，所以对待地位较低的人民也需小心哄骗了，这种现象也变得普遍起来。没人会喜欢事实的真正面目，为了求得人民的支持，他们会把一些让人产生同情但没有可行性的观点掺入其中。

我们没有重视那些极富教养的品格高尚之人，过多地去迎合那些散漫、道德低下的人，一味追求这类人的支持。因为这些人占有着大量选票，所以显贵和富裕的人们为了当选，愚昧之人也会成为其奉承的对象。他们宁愿抛弃正义也要获得大多数人的支持。这从而使得人们屈从于不道德的行为，变得谄媚，没有骨气。而与之形成鲜明对比的勇气、高尚就难于被人们所具有了。这些怯懦的人只会随大流，而只有那些具有勇气的人才能与困苦的磨难作斗争。

谄媚大众的低下行为正在当下变得流行起来。在这种潮流的影响下，公务员的良心也变得混乱，品格也越来越低下了。当今社会，在人前一副表情，人后又是不同表情的人不在少数。人们在党派斗争里会不停地改变立场，为了利益连伪善的人也愿意接纳，而且还有着越演越烈的趋势。

社会上如今也满是道德上的卑怯。高层的虚伪与得过且过必然会让下层人民受其影响，最后整个社会都变得一样卑劣。

一个坏的榜样是不会教出好学生的，下层会把上层的胆怯承接下来，他们也会变得没有说真话的勇气，变得心口不一。

现在人们利用威信来反对别人，而不再作为自己受到爱戴的荣耀了。在俄国，人们传颂着这样一句格言："在荣誉之中，那些有骨气的人也是无法挺直腰杆的。"对名利过度追求的人都是软骨头，他们可以为了名望向任何人下跪，他们没有羞耻之心。

我们现在对于赫尔普斯在1845年出版的书里的意见仍旧可以体会出一些道理。他说道："文学所宣扬的阶级仇恨是件很可悲的事情。那些对阶级仇恨的渲染是非常让人担忧的事情。法国小说在某位伟人眼里是充满绝望的文学……对那些怯懦的人造成影响是一些文人很乐于见到的。当他们认识到自己观点的狭隘时，我认为，他们就不会如此做了。劳动人民自己会被这样的作品所毒害。劳动人民不仅需要食物和衣服，还需要健康的思想，后者往往是真正关心他们的人所给予的。我们要给予人民自立的信念，让他们认识到可以通过努力来改善生活。这样才能让人类的智慧得到最大的释放，从而有勇气把现在下层人听不到的真相说出来。"

  那些正直人心中不会认同靠欺骗、低俗以及仇恨建立起来的名望，他们会认为这种人民拥戴的名望是卑劣的、可憎的。对于一位著名的公众人物，杰雷米·边密是如此评价的，他说道："他的政治纲领没有爱，只有仇恨。里面满是自私与对社会摈弃的感情。"米雷尔说的这种人在社会上有不少。

  可以说道德也影响着一个社会的法律建设，对于社会的安定繁荣具有重要的意义。

仔细地花每一个便士

一枚最小的硬币——一便士，这样一个小铜片有什么用呢？它能买到什么呢？一盒火柴或半杯啤酒，或者碰到乞丐时，随手给了乞丐。但是，如何利用这一便士却关系到每个人的幸福！

如果一个人很努力工作，而且他的工资待遇也不错，但假如他不会花钱，让自己辛苦挣来的那一枚枚便士用到了一些本可不必开销的事物上，那么他会发现自己努力工作，生活却和一个体力劳动者差不多。相反，如果他珍惜自己挣来的每一枚便士，每星期存一部分钱到银行，把另一些钱交给保险公司，再把余下的钱交给妻子，用作日常生活开支的话，他会发现自己因为对这样的小事作好了安排，得到了很大的回报——自己不再会"月月光"，生活不再窘迫，家庭生活也很满意，更不必为将来担心。

储蓄都是慢慢积累的。"不积小流，无以成江海；不积跬步，无以至千里。"一个便士看起来不起眼，但积累到一定的数目，就可以变成一英镑（1英镑=20先令=240便士）。存下便士，就为存下一英镑开了个好头。假如你已经积累了一镑，那就意味着你能舒适、自立地过一段时间。但是，我们的钱必须来自正道。人们常说，靠诚实的劳动挣来的一便士，都比别人给的一先令要强。苏格兰谚语说："别人施舍的酒，总比不上自己赚来的酒香。"通过正道挣来的钱，即使挣来的这枚便士上面都是灰，那它也是干净的；不是通过正道赚来的钱，就算它的表面很干净，那钱也是"脏"的。

欧文先生是一个宣传家，也是工人的好朋友，他就常常讲某人不节俭，不过后来那人在妻子的影响下，变得勤俭节约的故事。欧文说的这个人，是曼彻斯特的一个棉布印染工。印染工大婚的那天，他的妻子要求他，在婚后的日子里，每天给她一品脱啤酒的钱，作为她的私房钱。他是个酒鬼，一喝醉大脑就不清楚，但他希望有个头脑清醒的老婆，因此他答应了妻子的这一请求。他工作很努力，但是，他始终改不掉自己的老毛病——嗜酒，下班后的他几乎一直待在酒馆里。

他每天能喝二到三夸脱（1 夸脱 = 2 品脱 = 1.14 升）的酒，不过他没有忘记自己的诺言，每天都会给妻子一品脱啤酒的钱。因为他经常在酒馆，如果哪天妻子想让他早点回来的话，就得骗骗他，才能让他提前回来那么一两个小时。

不知不觉中，两人已结婚一年了。在他们结婚一周年纪念日的那天早上，丈夫很惭愧地对妻子说："玛莉，自从我们结婚以来，我们都没有好好玩过，也没有休息过，你甚至连娘家都没有回去过；我现在真想带你去看看你乡下的妈妈，可惜我现在手头上连一便士都没有了。"

"约翰，你真想带我去吗？"她问道。此时，她高兴得流下了眼泪，因为他很少会说这样关心自己的话。"如果你想去，我有钱。"

"你有钱？"他嘲讽着说，"你怎么有钱呢？难道你发了横财！"

"没有，"她说，"你忘了那'一品脱啤酒'了吗？"

"什么？"他说，"一品脱啤酒！"

说完，妻子拿出了365枚一便士的硬币，那是她积攒了一年的收获。约翰这时才明白，这些钱现在已经有4英镑4先令6

便士了。她把钱交给了他，然后喊道："约翰，你很幸运！"

约翰大为吃惊，震惊之余突然觉得自己在良心上很是过意不去，因此他一下呆住了，不肯要那些钱。过了一会儿，他才说道："这钱是你的私房钱，我不能用！"

强烈的羞耻心让他无地自容，自此之后，他果然不再乱花钱了。结婚周年纪念日那天，他陪着妻子一起去看了他的岳母。回家之后，他和妻子经过研究，进行了几个投资。最后，他们相继开了商店和工厂以及货仓，买了马车，后来还住上了乡间别墅。那人后来好像还当上了利物浦市长。

作为一个妻子，当然要像上面说的那样，想办法让自己的丈夫走上正道。但即使是地位不高的工人，也能通过自己的行为来影响别人。他可以告诉别人，告诉自己的伙伴，我们要勤劳、忍耐和友爱，告诉他们抛弃那些感官的诱惑。如果能这样做，那么早晚有一天他会富裕起来的。假如能这样做，那么他的行为甚至可以和一个高尚的作家相媲美。如果社会上多几个像这样能起到中流砥柱作用的人，那么整个社会都会受到他们有益的影响。比如，他可以作场报告，来称颂这些有意义的事，那么很多人会跟着这么做。

一个人的道德品行和社会地位，通常能从他的日常生活中看出来。比如，有两个人在同一个单位上班，他们的工资一样多；但他们在单位里，一个受到别人的尊重，而另一个却得不到别人的尊重。两个人的差别还不止如此，还有更大的差别：一个人看上去是自由自在地活着，而另一个人看上去却像是带着枷锁的奴隶；一个人住在整洁的楼房里，另一个人住在茅草房里。

这两个人的工作是一样的，工资的数目也是一样的，为什么待遇却如此不同呢？因为一个人勤劳而细心，另外一个人则懒惰而又粗心。

一个人发了工资后，会交给妻子，他的妻子会很好地安排这些钱；而另一个人的生活习惯很不好，不知道节俭，钱都浪费了。一个人很关心自己的家，认为家才是最温馨的地方；另一个人则一点也不关心自己的家，他把挣来的钱，基本全花在了自己的吃喝玩乐上。一个人生活态度积极，另一个人生活态度消极。一个人的生活方式简单而舒适，另一个人的生活方式则没有规律，时好时坏。一个人喜欢读书，喜欢思考，并因此而保持着聪明的头脑。

一天晚上，两人在下班回家的路上，开始了这样的对话。

"嗨，我的朋友，"不受人尊敬的那个开口了，"你是怎样使你的家庭有这么好的生活条件的？而且在这个基础上，你还能把一部分钱存到银行里。我们的工资一样多，我的孩子还没你的多，可我的孩子们每天都吃不好，你的孩子却吃得有滋有味。你能告诉我，你是怎么做到这一切的吗？"

"当然，我能做到这些，我会仔细地花每一个便士！"

"兰森？就是因为这个吗？一个便士，简直难以置信！"

"这也是花钱的'全部奥秘'。而这个秘密很简单，不过却有很多人不知道，例如杰克你就不知道。"

"我？你说我不行！好吧，那么你是怎么做到的？"

"现在我把一切都告诉你。但是，我说的话有可能你不会接受，还请你见谅。先说酒，我在喝酒上是不花钱的，一点钱都没花。"

"不花钱？那么你喝酒不付账？或者老蹭别人的酒喝？"

"没有！因为我喝的是水，所以花不到钱。因为，喝酒只要有第一次，那就有第二次，还是不喝为好。我不想去花钱喝得烂醉，而是选择把钱存起来。喝白开水就好，对身体也好，而喝酒对身体也很不好，而且喝水不会让我陷入麻烦中。在喝酒这一点上，你就比我多花了很多的钱，因为喝酒你每星期要比我多花大概半个克朗（一个克朗等于25便士）。那么一年呢，一年就有7英镑。这7英镑能干什么？可以给我的孩子们买新衣服，看看你自己吧！你看看你穿的都是什么垃圾，而你的孩子更是连鞋都没得穿。"

"打住！说远了，我们还是回到刚才的话题上。我喝酒没你说的那么多，我只是有时候会喝上半品脱酒，一星期加在一起是花不到半个克朗的！不知道你是怎么算的？"

"你现在算算你上个星期六晚上喝酒花了多少钱？"

"我想一下：先是和约翰喝了半品脱，后来戴维斯来了，他说自己要去澳大利亚，因此我给他饯行了，又喝了半品脱；后来就回家了。"

"你在那一共喝了多少杯？"

"忘记了，我怎么能记得？当时喝酒的时候周围一片混乱，而且喝酒的时候本来就记不清楚的！"

"你说不上来了，你知道吗？你的钱就是这样不清不楚地花光的，当你的钱花完的时候，你总是回忆不起来，你自己都干了什么。"

"你就是这样才过上舒服日子的吗？"

"是这样。每一个便士，都要花在有用的地方，这就是全部的秘密。因为我做到了，你没有做到，所以我现在有舒服的生活，而你没有。是不是发现这个原因原来很简单？"

"是简单。但是，我觉得简单到了不能称为原因的地步，这也太简单了。"

"为什么我能够使我的家庭过得舒适，还有剩余的钱存进银行，而你拿同样的工资，却做不到这一点？你刚才就是这样问的。身上有钱的人，才更有胆量生存，也有条件生存得更好。而钱是靠　点点地积累起来的。我努力工作，当然你工作也很卖力，我之所以这样，就是因为我不想在喝酒上浪费一分钱，而是把这些钱拿出来一部分，把它们存到银行。把钱存起来，以备不时之需，因为我们有时候会碰上一些意外。杰克，你要转换自己的思想了，你应该这么想：无论怎么样，我都不能让自己的身上没钱，不能去乞讨或去做苦力。如果身上连一个便士都没有，那就真的只能像奴隶一样活着了。"

"但是，如果我们的社会地位能够提高一些的话，那么就不用过这样艰难的生活了。"

"杰克，你还在执迷不悟。就算你的政治权利提高了，你能够把已经花掉的钱重新拿回来吗？你的政治权利，能够让你用你浪费在啤酒上的钱，给孩子买一双鞋子吗？你的政治权利，能让你的妻子比以前节俭又或者使你家的厨房更干净吗？政治权利能把你衣服上的洞补上吗？政治权利能让你孩子脏兮兮的脸变得干净吗？朋友！不会的，这一切都不会的。我们要争取政治权利，但是，政治权利改变不了我们的习惯。如果我们现在拥有良好的习惯，那么我们现在就是自由的人，而不用去依赖别的什么，前提是你愿不愿意这样做。杰克，希望我的这个秘密能对你有所帮助，只要你能利用好每一个便士，你就能积累到一定数量的英镑。"

走到巷尾的时候，杰克说："晚安！"之后他便朝他那位于梅恩区，简陋而又肮脏的屋子走去。

我们来看看他的家是什么样子——那几乎不能称之为"家"。屋里四处都是破烂和垃圾，他的孩子们都脏兮兮的，他的老婆正在咒骂着什么，看上去就像个泼妇。而兰森的住所正好与此相反，里面干净而整洁，看起来既温馨又舒服，兰森下班后和孩子围坐在一起，他的妻子虽然满手都是干活磨出的老茧，但是屋里的一切都被这双手收拾得井井有条。

这就是最主要的秘密。兰森关于花好每一个便士的秘密直到现在仍然对我们有着重要的启迪意义。但是，他还没有把自己之所以有一个幸福家庭的原因全部告诉杰克。

还有一个重要的原因，是因为他有一个好妻子。并且兰森的妻子，正好适合他这样的工人阶层。要不是有妻子，根本就没有节俭和家庭的幸福。作为一个工人的妻子，比其他人的妻子肩负的责任更加重大，因为她不仅是妻了，还要照顾一家人，还得打扫家里的一切卫生，还是家里的仆人。这些工作，都得她一个人做。一天攒一个便士？每个人可能都会这样想——有什么用呢？一个便士确实没什么用，但是，一天一个便士地积累下来，也是一笔不小的数目，可以在一定程度上使自己的家庭，能够充分应对一些突如其来的意外。

一个有远见的协会，我在这里不提这个协会的名字了，因为只要是有些见识的协会，都做过这一方面的工作——那就是研究一天存一便士对自己未来的生活会有什么影响。

一、对于一个26岁的人来说，一天交一个便士，能够保证他在生病期间，每星期得到10先令的保险金。

二、对于一个31岁的人来说，一天交一个便士（交到60岁时为止），那么他在去世前至少能得到50英镑。

三、对于一个15岁的人来说，一天交一个便士，那么他在死后就能得到100英镑，但是这笔钱只有在他死后才能给予，也就是只能作为遗产留给儿孙。

四、对于一个20岁的人来说，一天交一个便士，可以保证在65岁以后，每周得到10先令的养老金，每年就能得到26英镑的养老金。

五、如果一个人从婴儿开始，就一天交一个便士的话，那么在这个人14岁的时候，他的父母会得到20英镑。

储蓄并不是保守的行为，这是一种投资理财的办法，将收入的10%变为储蓄，过不了几年，经济就会慢慢宽裕起来。

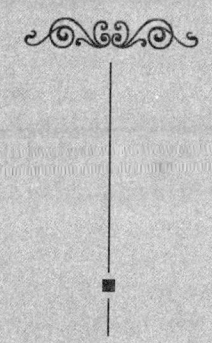

你的选择决定了你的前途

无数无关命运的选择决定着一个人的前途。选择决定了你前进

的方向，如果选择的方向不对，即使你再怎么努力，也不可能成功。

种下善良，收获感动

　　每个人心底都有一颗善良的种子，种下善良，收获感动。玛丽·安尼·克拉夫是一位女工，她是格拉斯哥人。她和莱克斯比起来要不起眼得多。在莱克斯任职报刊编辑时，她还只是一名工厂里的打磨工。但她有着和莱克斯一样的伟大创举，她用女性特有的善良和爱心，给别人的心灵带来温暖。白天的工作是保证她能有稳定的收入来维持生活，等到工作结束后，她的善行也就开始了。克拉夫的工厂里有不少小男生，他们都是童工。贫穷的生活让他们过早地离开了学校，缺少管束的他们十分容易走上危险的道路。女工们都很疼爱他们，大家努力帮助这些孩子回归正道。克拉夫说："我会竭尽全力让他们变成一个善良的人。"

　　于是她行动起来。首先，经过她的不断请求，工厂终于分给她一间地下室作为活动中心。在1862年的6月，某个周日，地下室开始正式接纳男孩们。这些衣衫褴褛、灰头土脸的男孩们原本在休息时间里都是无所事事地玩乐，现在女工们教导他们识字读书，个人礼仪和卫生，还有宗教。克拉夫对男孩们就好像是自己的孩子一样，不管何时，只要他们有求于她，就会得到她的帮助。

她把自己的全部休息时间都奉献给男孩们。每天下班后她会依次去拜访男孩们的家长，用她的耐心、仁慈和正直，说服家长们改善孩子的生活环境。经过一段时间的教育后，这些男孩明显改变很多，他们不再满口脏话，举止猥琐，而是彬彬有礼地待人接物，他们已经和同阶层的孩子有了很大的差距。在工厂里，人们称呼他们为"玛丽·安尼·克拉夫的孩子"。

古斯瑞博士评价说："我们有无数品德高尚的教徒，他们的名声和威信比克拉夫要高得多，但是他们浪费了大量人力物力，其成就远比不上克拉夫所做之事的十分之一。她日常生活和教徒无异，也是每日三次反省，但她有着比常人更坚毅的信念。工厂晨钟响起了第一声，她就匆匆起床，天色仍然如墨一般黑，她走过空荡安静的街道赶往工厂劳动……晚上她又为自己的善行奔波，帮助困难的人。在这过程中她也受到了一些挫折，可她从不喊累，把苦楚埋藏在心中。"

玛丽·安尼·克拉夫的善行一直维持了3年多，由于她的身体日渐衰弱，她不得不让别人来接替自己的工作。她不知道的是，自己的行为在经过长时间的沉积后已经结出了丰硕的成果。在1865年，"格拉斯哥男工协会"正式创立。此后短短6年时间，协会就吸收了1.4万名成员，并且协会里有200多名乡绅和1500名理事，他们打点协会的一切事宜。乡绅们在城市里举办了很多场针对年轻人的演讲，他们为改变年轻人的生活作出了巨大的努力。协会还和主日学校相互合作，向年轻人宣扬宗教知识。为了合理计划开支，协会在其他宗教协会和大银行的支持下开办了一些银行和金库。每周六，人们都可以参加由协会举行的音乐派对，让大家有更多的机会相互交流学习，从而避开乌七八糟的生活。让人惊讶的是，协会里只有少数一些担任职务的教师，其他人都是自愿加入协会，他们是在用自己的善良帮助别人。

协会还组织孩子们在暑假去乡村度假，由协会理事带领他们。通常选择的地点都是在因维勒雷公园，它的主人是阿基尔公爵，协会的名誉会长。我们得知这一协会的善行正是在他们的暑假活动中。现在，协会的活动内容已经比原来丰富很多，涉及的领域也比以前要多，但它的名字依然没变，仍然是"男⼦协会"，人们只要⼀听到它的名字都会赞不绝口。真希望它的范围能扩大到全国，不过现在仅限于苏格兰境内的爱丁堡、格林诺克、阿贝狄和丹狄地区。协会在任何地方都会有不可估量的发展潜力，但那些工业发达的北部城市怎么没人组织起来呢？

生活中有了善良，就像生命中溢满了阳光，善良的人，一定是温暖的人，他们乐于助人，用言行照亮了人们前行的脚步。善良装点的世界，让人生多了很多美好，让我们播种善良，传递温暖，让每个人心中有爱，让生命无悔。

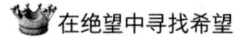

你当善良，且有勇气

勇气，有助于一个人品格的形成。真正勇敢的人有着宽广的心胸。

在纳斯比战役中，费尔法克斯让一名普通士兵保管了自己缴获的敌人军旗。那名士兵因为这面军旗而异常兴奋，被荣耀冲昏了头。可是在得知此事后，费尔法克斯却说道："我的荣誉已经足够多了，就当送给他的礼物吧。"

在班诺戈本战役中，看到战友伦道夫吃力的战斗，道格拉斯准备过去助阵。可是在看到伦道夫击退了敌人后，他停了下来，对部下说道："我们不需要过去了，现在他该独自品尝这份艰苦战斗后的胜利之果。"

做事的方法影响了许多事情的成功。人们会把无私的行为当成友善的信号。那些抱怨的举止会给人留下小气的印象。国王在本·约翰逊被贫穷和病痛折磨的时候给了他微薄的祝福和赏钱。这位坚强而又率真的诗人说道："他就这样因为我住处的简陋而送我微薄的东西。他的灵魂也不过是小巷里的一员，这点我会让他明白的。"

品格的形成会受到持久勇气的影响，他会让生活变得幸福和具有意义。人们会因胆小和懦弱的性格走向人生的悲剧。无所畏惧的习惯是聪明人教导子女的主要标准。因为勇气也如勤奋和专注的习惯一样是可以教导培养出来的。

实际生活里并不会出现人们想象中的恐惧现象。那些假想的可怕情景，会让那些与现实苦难勇敢斗争的人变得软弱。要是无法控制想象，那些由想象生成的负担，也就只能由我们自己来背负了。

坚强的性格会在精力充沛的行为里锻炼出来。对于这点，人们是认同的。要想养成果断抉择的习惯，只有不断地锻炼性格。意志会由于性格缺少锻炼而易于被邪恶蛊惑。到了那时，也就失去了善德。决断会在你面对阻碍时给你坚定的力量。你只要在邪恶面前表现出一点软弱，它就会把你引诱到罪恶的深渊。

一定要自己决断，他人的帮助是会对你产生危害的。要学会自己独立作出决断。哪怕在危难时刻，也不要把希望寄托在他人身上。对于一个马其顿国王，普鲁塔克在谈到他时说道："部队在一次战斗中退守到了附近的一个小镇。在那里，祭祀海格拉斯向神灵寻求帮助。可是握着胜利之剑的敌人伊米纽斯，在他寻求帮助的时候攻了过来，最终靠自己的力量赢得了胜利。"

这样的道理也适用在人们日常的生活里。许多人永远在做准备，没有实际行动，勇气也是他们嘴里的一个词而已。他们把行动的计划搁置在一边。这都是缺乏决断力引来的后果。说永远不如做得好。冗长的发言在所有情况下都不如迅捷的行动有效。迪洛生说："有些事情是必须去做的。它们只需要快速地决断，因为事情大多很明了。可是那些迟疑的人依然无法决断。新生活必须要靠具体的行动来建立。一个人如果不起居饮食，只会让自己的身体受到伤害。"

如何履行好职责

"狭路相逢勇者胜"，光鲜的舞台总是属于那些精力充沛敢于竞争的人。

一个人只有具备了昂扬的斗志、不可摧毁的决心，并且恪尽职守，拥有能够在重要时刻为崇高牺牲的品格，才能称其为真正的人。这就如同古代的丹麦英雄一样，那些英雄具有坚忍不拔的意志，行动起来勇敢，毫不迟疑，他们对于自己的职责永不放弃。上帝赋予每个人意志作为礼物，我们每个人都要对此加以合理地利用。在布莱顿，罗伯逊在过去曾经诚恳地说过："那些只追求自己名誉和幸福的人绝不会是真正伟大的人。人不要只想着自己，生活不能只是沉迷在世俗的欲望里。人应该忠于职守。"

软弱的意志和犹豫的性格会阻碍人们履行自己的职责。人的内心是被矛盾所包裹的，有道德的良心，也有自私的贪心；

有慈爱的一面，也有放纵的一面。这些人性里的矛盾真实地存在着。这矛盾会让那些意志软弱的人变得举棋不定，无法行动。

对于人的意志力来说，出现游移不定的情况也是存在的，自私的心或是感情的欲望会在意志软弱者心里膨胀，最终主宰他们的人生。那些高尚的品格也会从这人身上消失，他已没了自己的个性。这人也终将被堕落的情欲所掌控。人会在时间的流逝中逐渐成为感官的奴仆，最终将无法逃脱其掌控。

所以要想形成良好的道德和做到真正的道德自律，就要严格遵守内心的条例，迅速地将道德良心加以实行，对待本能的欲望，要坚持不懈地予以抵御。要想养成良好的习惯，并且自觉地完成自己的职责，就必须拥有不屈的意志和持久的精神。好的习惯是一笔珍贵的财富，而且它永远不会枯竭。

在意志力的作用下，勇敢并且优秀的人，会永不放弃地奋斗，面对世间风浪的考验，他会勇于承受，最后，形成自己高尚的品德。可是那些行为和道德败坏的人，却与之相反，他们身上道德良心无法产生作用，对于自己的欲望和感情，他们会愈加放纵，火一样炽热的激情和热情终会被熄灭，他将变得无法挽救，成为一个道德败坏并且被恶习所左右的人。

对那些意志软弱的人来说，要想达到自己的目的，是不可能完成的任务，他们没有具备那种力量。只有靠自己努力的人才能是个坦荡的人，对于他们来说，别人的影响是不重要的。他人不能成为自己行为的主人。要让自己的思想掌握在自己手中，坚持守信的原则，对于感官的诱惑加以抵制，不参与恶行，对那些行善之举，要积极地参与其中。人要学会自立自强，凡事要靠个人的努力去完成。人自己的选择决定了他是成为一个道德高尚、自由、纯洁的人，还是成为一个卑鄙下流、道德败坏的人。

爱比克泰德这位古罗马的哲学家，原本是个奴隶。他留下了许多饱含智慧的格言赠予后人。他说："对于自己所扮演的生活角色，我们无法自主选择，尽力饰演好自己的角色，这是我们唯一的职责。与执政官相比较，奴隶也是同样平等和自由的。没有什么能比自由更加珍贵，自由才是真正的幸福。其他的一切，也必须在拥有自由后才能感受得到。幸福不是劫难，也不是纸醉金迷的生活，对于这一点，人们应该有明确的认识。"

"幸福在迈诺和奥菲留斯看来，它不是力量，也不是势力。幸福在克洛诺斯眼中，并不是财富的象征。权势也不是执政官眼里的幸福。可是实力、权势和财富，它们在尼禄、撒丹拿帕路斯和阿伽门农看来，都代表着幸福。他们在无法改变命运时，只会哭泣和慌乱，他们让自己成了受人控制的玩偶。幸福来自于平静的心和真正的自由，它是人心的一方净土，它需要自己亲手耕耘。人们要想获得真正的幸福，必须战胜恐惧和忧虑。在自治并且祥和的氛围里，幸福才会产生。心灵只要能够平静并且满足，哪怕一生需要经历贫困、凄苦、疾病和死亡，也能得到真正的幸福。"

所有这些，都离不开信仰、勇气、谦虚，还有大公无私。所有人都在诱惑的缠绕下，要想战胜这些诱惑，我们只要拿出坚定的信仰和无畏的勇气就足够了。我们的正派作风和爱心都是责任所要求的。各种形式的自私、残忍与压迫都是正义所不能容忍的。只有坚信邪恶终将会被正义打败，这才是忠于上帝的表现。在埃伦，厄斯金先生这样说道："所有邪恶都被转化成善良的东西，这就是善良战胜邪恶的表现。也就如同光明取代了黑暗，欺诈者都变成了守信的人。"

在有些时候，最善良和勇敢的人也会感到迟疑和软弱，他们的信仰变得不再坚定，可是他们要是非常勇敢，并且极其善良，那他们就能够凭借重要的信条站起来，摆脱消沉感情的影响。对于天地万物是被上帝合理地安排好这点，我们必须坚信。对于无法更改的秩序，每个人都要学会服从。上帝不会作恶。所有人都是我们的兄弟，对于他们，哪怕其中会有人伤害到我们，我们也要关爱他们，并且让他们过得更好。

对否定的方法能带来好处这点，没有人会表示同意。否定只能破坏，它不能建设，对人来说，这是没有好处的。对我们较好的一面，它会进行摧毁，忠诚与希望在它的作用下走向毁灭。陈腐的责难不会击败恶行，只有积极并且可行的真正善行才能战胜它。

在信仰的领域，科学也取得了胜利。牛顿能够在大自然中寻求到运动定律的秘密，他绝不是靠着否定的帮助。开普勒、道尔顿和法拉第是在信仰的指导下辛勤工作。普理查德教授说道："老赫歇耳不是出于怀疑，而是凭借信仰，他才在一个令人讨厌的生活圈子中接受他姐姐的照顾，这生活直到他制造了反射望远镜，并且相信能在适当时候借此了解天空的构造后才结束。他的天才儿子，抱着同样的自信，把自己流放到了遥远的南方，他在那里待了很久，直到完成父亲最初的工作，在那以后，他才回到了家乡。他还用了数十年的时间写书，最终完成了《天文学纲要》，从而在科学历史上铭刻下父子两人的名字。"

我们会在否定的引导下走进沮丧和绝望的深渊。一切信仰都会被我们所怀疑，最终除了自己和我们的享乐以外，没有值得相信的存在了。除了自己以外，一切在我们看来都是自私、黑暗和让人迷惑的，人格已经被丢弃，灵魂也失去了方向。遵守自然的律法，才能估算出我们生命的价值，必须在这条道路上寻到自由才能获得真正的生活。

在以前，一个人躺在病床上，他问自己道："在一生中，我做过哪些好事？谁的心因我而变得愉悦呢？谁的悲痛让我给予了抚慰？我祝福了谁的家庭？我做过哪些慈善的行为？我的生活，给这世界造成了哪些改善？"这些问题用语言来回答是空洞的。当这人从病床上恢复起来后，他变得更加聪明，更加善良了。从那以后，他就把自己，还有自己的财富都献给了慈善事业。他也因此获得了许多行善的机会。他在上帝的律法里找到了他需要的东西——意志和坚毅。永恒的爱是宗教的规定。希望和信仰与爱相比，后者更显伟大。拥有爱就等于履行了我们的所有义务，这一点，也是上帝对我们的唯一要求。

不向命运妥协，才能有所成就

　　伟大的发明不仅仅来自于灵感，也来自于坚持不懈的努力。对于棉纺机来说，阿卡莱特的地位就如同蒸汽机之于瓦特，火车之于史蒂芬，他把那些散乱的结构重新给组合在一起使之成为一个新的构造。在阿卡莱特的发明问世7年前，伯明翰的莱维斯·保尔也发明了一台滚轴纺织机，并为此申请了专利，可是那个机器远不如阿卡莱特的完善，连正常有效地运作也做不到。可以说，那是个失败的发明。有位技工叫托马斯·海斯，他没有什么名气，本行也是制造乐器的，他也发明了纺织机，可是在事后证明，他的水力纺织机和珍妮纺织机依然难以运用。

　　在工业上，发明家面对新的需求，会想方设法地予以解决，这时候也就会出现一些具有开创性的想法。如蒸汽机、安全灯和电报等发明就是在这种情况下被发明的。在真正的聪明人出现前，很多天才都会被困在发明的突破口。那些真正的聪明人会在自己具有的丰富经验指导下深入研究发明，在发明中，把所有人的思想都融合进去，并获得成功的经验，这时，新的发明也就诞生了。

与许多伟大的工程师一样，理查德·阿卡莱特也是行伍出身。1732年，他诞生在一个贫穷的家庭，他是家里13个孩子中最年幼的一个。由于他家的贫穷，进入学校读书也是难以实现的事情，这也让他不会认字和写字了。他少年时期在理发店做过学徒。他在那学会了如何让一家理发店运作起来。这之后他就去了波尔顿，在那里自己开了一家理发店。因为经济上的窘迫，他只能租得起地下室，理发店也只好开在那里，在他的广告牌上如此写道："欢迎光顾地下室理发店，来这里理发很便宜，只需一个便士。"他逐渐拥有了许多客户。在知道他的低价策略后，其他理发师也纷纷效仿，推出了一便士的理发价格。为了让营业额继续攀升，阿卡莱特把价钱调到5分钱，以此来吸引顾客。他在几年之后成为了一名流动理发师，也就此走出了地下室。戴假发是当时的潮流，他的理发店重要的收入来源，就是制作假发。为了生产假发头套，他四处采购头发，兰开郡的周边劳务市场，是他经常光顾的地方，在那里他从那些需要工作的妇人身上购买长发。传言他在讨价上很有一套手段，总能用较低的价格，买到优质的头发。他做化学染剂的手法也很好，因此他的化学染剂销路也不错。

戴假发的风潮退去了，因为需求量锐减，那些以制作假发为生的人，生活开始变得艰难了。在这种情况下，阿克莱特只能无奈地换了工作，成为了一名机械工。这也为以后机械发明家的诞生埋下了伏笔。对于纺织机的研究，在当时是很热门的事业，工作之余，阿卡莱特也进行着这项研究。他因为对这项研究过于关注而忽视了自己的生意，赔光了自己的积蓄，生活变得困顿不堪。对于他的研究，他的妻子不予理解。在她看来，那不仅是浪费时间，也是浪费金钱。在她眼中，就是那项研究，让自己的家庭变得穷困潦倒。有一次，夫妻俩大吵了一番，在愤怒的情况下，她砸毁了丈夫的模型，她认为借此就能让丈夫迷途知返了。可是阿卡莱特是个固执的人，他妻子的行为也把他的好胜心给激发了出来，他下了决心，不达目的决不罢休。他也因为这样而使家庭矛盾重重，过了不久，他就与妻子离婚了。

在以后，阿卡莱特认识了一个叫瓦灵顿的钟表师傅，在他的帮助之下，阿卡莱特制作出了永久发动机的部分组件。传言阿卡莱特之所以能注意到滚筒纺织机的原理，都是因为那个钟表匠的提点，可是还有一种说法是，他是在不经意间看到烧红的铁经过铁轴时，铁块被拉长了，由此想到了滚筒纺织机的原理。对于阿卡莱特是如何获得灵感这点，我们暂且不去究其原因。我们只要知道，他是靠着这一原理进行机器的设计的就好了。阿卡莱特为了自己的研究不再去理睬收购头发的营生，一心一意地扑在了机器的制造上。普雷敦一所公费语法学校的门厅，就是他工作的地方。阿卡莱特作为小镇居民参加了投票选举。他当时穷得连件体面的衣服也没有，在选举大厅穿的衣服，也是乡邻们好心送的。在这个小镇上，有着许多靠体力劳动为生的人，对于自己的生活与工作环境，他们很不满意。对于阿卡莱特的发明，他们忧心忡忡，认为其有可能使他们的生活更加窘迫。

凯的一生也是劫难重重，众人因为他发明了飞机而对他进行了殴打，他也因此被迫离开了兰开郡，飞到了瓦林顿居住。阿卡莱特也是个可怜的人，一个暴民闯入他的工作间，一会儿就把他的珍妮纺纱机砸了个稀烂。这样的场景，令阿卡莱特一直心有余悸。他也因此采取了明智的方法，把模型收藏到了一个安全的地方。他在不久后前往了诺丁汉，向当地的银行申请了一笔贷款，用以继续他的研究。莱特先生承诺给他一笔钱，约定在他发明成功后，要从他的获利中抽取分红。与他们想象中的不同，纺织机还不够完美，银行为此提出了要求，要他把斯图亚特和尼德先生找来，由他们两位对纺织机做个鉴定。斯图亚特发明了织袜机，他也因此申请了专利。对于阿卡莱特的发明，斯图亚特先生当场就给予了赞扬，为此还与阿卡莱特成了合作伙伴，也因为这样，阿卡莱特的纺织机发明之路才变得平坦。在阿卡莱特申请的纺织机专利上，写着这样的署名：理查德·阿卡莱特、诺丁汉、钟表匠。这是1769年的事，在这同一年，瓦特为自己的蒸汽机申请了专利。在诺丁汉，建起了第一家棉纺织厂，使用马匹作为动力。过了不久，在德比郡的克罗姆福德，再次建起了一个纺织厂，这个厂区远大于上次的工厂，动力也换为了水车，所以这个纺纱机也被叫作水车纺纱机。

可是在阿卡莱特眼中，这个显著的进展不过是自己事业的起步。对于他的纺纱机，他还要进行许多细节上的改良。在他不懈的努力下，纺纱机最终被完善成了一台实用和方便的机器。他的成功并不是一段轻松的短途旅行，他也是在经过不断的努力，以及耐心的研究后，才收获了果实。纺纱厂也在一段时间里出现过无利可图的情况，那时，他投入的大笔资金都是毫无回报的。兰开郡的厂商们，在他马上就要获得成功时，都为了争夺纺织机的专利而争斗起来，他的专利被这些人撕毁了，这场景就如同康沃尔的矿工在争抢鲍尔顿和瓦特的蒸汽机利润一般。这之中还有更过分的人，他们说："阿卡莱特是全体工人的敌人。"这些暴民和警察，连同军队一起砸毁了他在仓埋附近建造的纺织厂。

虽然他的产品是市面上质量最好的，可是兰开郡的人都不愿购买，而且他们也都拒付纺织机的专利使用费。为了维护自己的合法权益，阿卡莱特在不得已的情况下拿起了法律的武器。审判结果出来后，在一家旅店门口，他与一些反对者不期而遇，有个反对者对他高声喊道："这个剃头匠，终于被我们好好修理了一下。"阿卡莱特冷冷地说道："你们别太得意，我的剃刀还能让你们一毛不剩。"他再次开设了新的工厂，在兰开郡和德比郡，以及苏格兰的兰纳克都有了他的厂区。由于斯图亚特的合约到期，在克罗姆福特的工厂也完全收归他来管理了。因为其产品出色的质量，最终垄断了纺织品的市场，能享有市场的定价权了。除此之外，对于其他的棉纺工厂，他也拥有了控制权。

阿卡莱特是个天生的生意人，他有着不向命运妥协的不屈精神，对于经营很有一套手段，为人也老于世故。他在有段时间里业务非常繁忙，早上四点到晚上九点都泡在了研究的项目上，有时，他还要抽身去经营工厂的运营事务。他已经是个50岁的老人了，为了提高自己的写作能力，他还要抽空学习英语语法。他一生的荣誉有：建造了第一台纺织机，在德比郡担任高级行政官，以及被乔治三世授予爵士的称号。1792年，他走完了自己的人生旅途。在英国现代工厂体系里，纺织厂有着举足轻重的作用，阿卡莱特相当于工厂体系的奠基人。他不仅为自己和国家带来了丰厚的财富，也让工业社会有了飞跃性的发展。

一个不懈努力的人，必然是不向命运妥协的人，无论多大的困难与阻挠，都会在一个人的坚持和决心面前让步。一个不懈努力的人不仅仅会自己进步，也会影响和鼓舞他人的进步，进而影响社会的发展，尤其是那些科技发明者，正是有了他们才有了社会文明的加速发展。

自私会让我们吃尽苦头

自私自利、生性懒散的人不会关心除自己之外的人和事。他们在别人陷入困难的时候总是摆出一副事不关己高高挂起的姿态，心里嘀咕着："别人的事与我何干？让他们去自生自灭，我可不会发善心。在我困难的时候也没人来帮助我。更何况世界上需要帮助的人多了去了，哪里帮得过来？这边好了那边又坏了，我可不是基督耶稣，还不如随他们自己发展。"

哪怕有人不幸死去，冷漠的人们也不会有所触动。他们用百分之两白的精力来关心自己的一切事情，这之外的事情他们都充耳不闻。要是有人和他聊天时说到那些困难的人们的时候，他就会大声咆哮："这不关我的事！我不想也没有义务去帮助他们，自求多福吧。"这样看来，懒散的人要稍微比冷漠的人好上那么一丁点。

可以知道的是，一个冷漠自私、从不帮助和关心别人的人，上帝会给他应有的惩罚。比如一个人对附近贫民窟的环境不闻不问，任凭污水横流垃圾遍地，等到某天贫民窟出现了传染病，病菌慢慢扩散直到他也感染了的时候，他就会追悔莫及。要是有人觉得别人的贫穷和愚昧与自己无关的话，那么在遇到抢劫的时候就不要抱怨为什么自己会摊上这种事，也不要在交纳"救助金"的时候唉声叹气。还有很多情况就不一一列举了。总之，越是漠不关心，你付出的代价反而越大。

小事决定着大事。多少人的漠不关心让原本的一桩小事变得严重起来。"一颗钉子会导致马蹄铁的掉落，马蹄铁的掉落会导致马不能正常行走奔跑，而马不能正常行动的话也就影响了人的行动。"故事中的伽利欧就是一个冷漠自私的人，他对任何人的事情都没兴趣关注。可以预见，伽利欧的未来肯定会充满坎坷。

虽然从政治角度来看，钱是老板和工人之间唯一存在的东西。工作多少就给相应的工资。这种认识也在经济学中得到认同。但站在道德和人性的角度来看的话，老板和工人之间的关系应该还有某种东西存在。它以同情心为基础，让他们各自负有关怀别人和帮助别人的义务，从而找到他们各自在社会中的正确地位。人们之间应该相互关心，和谐相处。社会里的每一个人都值得我们去尊敬，这种态度是人类思想必不可少的组成部分，它决定着社会的兴衰。

西尼·史密斯说："整个社会都是急功近利的人们，以致社会也被污染了。人们冷漠的表情即使碰到有人在他们身上割开一条口子这样严峻的事情，也不会有什么变化。血会流下来，但是别指望他们会叫喊一声。社会上充斥着自我主义，想让自私的人去关心别人？真是妄想。"

美好的品德都不见了，我们该去哪里找到正直、善良和诚实？拜金主义已经把它们驱赶出境。赫伯特说："若是你尊重大家，大家也会尊重你，反之亦然。"在以前的社会中，工人和老板互不尊重对方，不过这种情况没有持续多久。英国工人的薪水多年来总是高于欧洲大陆任何一个国家的工人薪水，但是这种情况如今已被打破，工业的迅速发展让每个国家的收入趋于平等。我们知道，世界将掀开新的一页篇章。

新的世界需要人们抛弃过去的陈旧观念，钱已不再所向披靡。个人的行为也不再是评判的最主要因素。心灵才是最重要的，它的好坏直接关系到我们的生活是否快乐。彭斯对此说道：

抛掉地位，丢弃身份，

也舍弃银行里的财富，

跟随心灵去寻找一方乐土。

它不在书本中，也不在自然里，

它存在于心灵之中。

若是我们在心灵中，

没有找到它的踪迹。

即使我们再富裕、强大，

也不可能变得崇高。

聪明的人告诉我们，不要以为谁的烦恼会比自己少，不管有钱没钱，大家都是一样。一味地追求金钱会让人们丧失奋勇向前的拼搏精神。拿到钱之后他会怎么做？要是他只懂得赚钱，却不知道如何管理钱财的话，钱对他来说就是一种负担。比如一位靠卖牛脂富裕起来的商人，他没受过多少教育，对社会发展不怎么关注，哪怕是在家周围的树林里散散步，他也很少做过。只有一件事能让他充满活力，那就是每天都到自己的商店里转一转，看看生意。但是他即使再怎么不懂得生活，别人还是会尊敬他，因为他的手里握有能改变很多人生活的东西——金钱。他本可以用钱去改善流浪汉的生活，让贫困的人们得到一点帮助，但是他从未这样做过，他甚至不关心除自己之外的人，而金钱更被他看得比自己还重要。

欲望会毁掉我们的生活。你对生活要求得越多，你的烦恼也越多。简单的生活可以排开一切不必要的累赘思想，让人专心于自己的信念和心灵的追求。苏格拉底说过："纯粹的心灵会让我们变得高尚。"乌比诺一直服侍着雕刻家米歇尔·安格诺，直到自己死去。临死前米歇尔·安格诺不分日夜地照顾着乌比诺，虽然他自己也已经垂垂老矣。他为仆人的死去伤心不已，于是写信给朋友瓦萨利，说："请原谅我的思绪过于混乱，亲爱的朋友，即使这样我也得写信给你。我的仆人乌比诺去世了，我的心情高兴又悲伤。因为他忠心耿耿伴随着我那么久，他性情温和，善良正直，我们的感情已经非常深厚。他是我的精神支柱，原本以为他能继续陪着我，不料他却先我一步离开。但是我也很高兴，第一，他经过了漫长的一生，终于能去往天堂，他肯定会升入天堂。第二，他在服侍我的同时也教会了我不少东西，他告诉我：人不应该对死亡怀有恐惧或埋怨，要自然、乐观地面对它。"

狄奥尼修斯对人们说："不管是男主人还是女主人，都应该把自己最好的一面展现出来，让佣人知道你们是仁慈、公平、正直和富有爱心的人。说话时不要板着脸孔，或者语气骄傲严肃。对于他们犯下的错误，不要斤斤计较，应该用仁慈的心去包容他们，也可以以身作则告诉他们那么做是错误的。要知道，你的一言一行都会被神明看在眼里。"

在拼搏的时候，要记住这不单单是在为自己努力，凡事都要替他人考虑。生活中的每一件事都需要大家团结起来才能完成，比如家庭管理、社会监督等。这些事情需要的智慧不是一个人能提供得了的，也不是光靠钱就能解决。切记不要只顾个人利益。埃皮特土斯说："自私自利、贪图富贵的人不可能有关爱他人之心。"圣安东尼说："生活就是要把我们变成一个富有爱心的人。"从这里我们可以知道，爱心是一个人必须具备的，它是一切美好品德的基础。它就像一块巧克力，奖赏那些作出贡献的人。

奢侈生活带来的恶果

社会有着不可更改的发展规律，繁荣生活的背后是衰落的社会经济，物价上涨，失业人数猛增，贫富差距变大。要知道，就算是至高无上的法老们，也不可能天天梦见肥美的牛肉。贝克先生说："工人们普遍都没有多少存款。那些失业半个月的人们已经没有能力购买食物和日用品。"由此看出奢侈是一个危害生活和生命的刽子手，正因为这些挨饿的人以前没有养成节约的习惯，导致现在落得如此窘迫的地步。所幸并没有工人举行暴动，他们经常在当铺里用自己的值钱物品换来金钱，但那些远远不够生活，很多人不得不去政府和救助机构申请接济金。

即使有些人没有因为奢侈的习惯变得贫穷，但这只是少数，大多数人还是沦落为贫困潦倒的人，他们是社会的支柱，一旦他们出现了问题，整个社会也将发生变化。说到底还是贪婪害了他们，生来就贫困的人不一定永远都是穷人，重要的是人要有一颗坚强的心，一种顽强拼搏的精神，这样才能让日子越过越好。

一个城市有不少从事挖矿和炼铁的工人，他们都有很高的薪水。罗瑞斯先生说："这些工人的生活习性已经不能称为是奢侈，可以说他们是非常莽撞和粗鲁，不管是老人还是青年人，也不管是否结了婚，大家对金钱的态度都一样，想怎么用就怎么用。他们在工作中也不是十分努力，还不时地给自己找理由来玩乐。就好像钱不能待在他们身上，一定要花光，他们尤其喜欢举行派对和聚会，派对的原因也是各种各样，大病初愈也要庆祝，结婚就更要庆祝了。不过他们也会做出一些让旁人不解的行为，比如会在困难时期进行祷告。但这改变不了他们奢侈的本性。一年又一年，大家发现自己仍然处于不稳定的贫穷和富裕之间。因为铺张浪费的生活，他们在工作时意志消沉，家里也无人管理，孩子们已经辍学在外，而他们在没钱的时候还要把值钱的东西拿去抵押，好换来钱继续挥霍。渐渐地，他们的家庭败落了，住房也因为疏于维修而越来越旧，房顶和墙壁上满是破损的地方，门前的环境也肮脏无比，污浊的空气，短缺的水资源，这是多么寒酸的一群人！都是因为他们的懒惰和奢侈，原本应该富裕和干净的生活被他们弄得一团糟，我想，没有谁或者是律法可以对他们进行约束，让他们改过自新。"

为了让穷苦人们能过得轻松、富足一点，政府已经颁布了不少改革措施。一些本该是底层人们交纳的税款变成由中产阶级和高产阶级来负担，至于家庭事务则可以让个人根据自身需要进行投票决定，政府还降低了不少生活用品和粮食的税费。不过我们不能以为这些措施就能完全改变穷人们的生活，改变的关键在他们自己身上，要是他们对改革心不在焉，再好的措施也帮不了他们。社会是因人而异的，好人会给社会带来发展，坏人会让社会越来越落后。

富兰克林在评价工人阶级时说："要是劳动者的负担只是那些税收的话，我们还勉强能支付得了，但是负担除了税收还有其他很多东西，实在难以承受，甚至会压垮一些无力挣扎的家庭。这些东西包括我们曾经大肆浪费的时光，我们的骄傲自大，我们的愚不可及，它们比税收更多更重，即使减少或者免去了我们该交纳的税费，这只不过是冰山一角，我们肩上的负担还有很多。"

有一个工人组织集体来拜访约翰·卢塞尔勋爵，希望他能把工人们交纳的税款调低一些，勋爵回答他们说："为什么不从你们自身寻找原因呢？你们一味地把责任推卸给政府，却从不考虑自己的行为是否正确。我问问你们，知不知道你们在喝酒这方面每年就要花掉5000万英镑？要是政府的税款有这么高，你们还不闹翻天了呀，但是用作酒钱你们就乐意了，想想看那些沉重的压力是谁给你们的？是你们自己。少喝点酒，少过奢侈的生活，生活就会比现在好很多，哪还用得着求我。"

阿里斯多克洛蒂政府的凶狠残忍是人所共知的，但也比不上人性的贪婪和无穷的欲望。所以把自己犯错的缘由怪罪于别人，是非常错误的行为。男人似乎比女人更容易被邪恶误导，自甘堕落步入无底深渊。失足的人们在迷乱中浪费了时间、金钱，变得一无所有。只有在亲身经历过痛苦后，才明白其中的道理，对后人也起到了警示的作用。如果你早早地就把钱财花光了，以后该靠什么过日子呢？并且你对以后的生活也毫无打算，得过且过的态度会让你吃尽苦头。把明天的钱在今天花光，逞一时之享受，断绝自己的后路，真是愚不可及！如此一来你的人生也不会有未来可言。

社会若照此情景发展下去，必定会陷入破败之中，但还有解救的办法。那些薪水高的劳动者可以作为先头兵来带动后面的人。政府的宣传和学校的教育可以提供给他们很多这方面的知识，他们能从中学会节约开支，用最少的钱过最轻松的生活。慢慢地就养成了勤俭的习惯，生活也越来越好，一言一行都会变得正派和严肃。不过这种转变的过程需要很长一段时间，就如丹尼逊先生所说"要经过两代人的不懈努力"，其实时间应该比两代人还要长，有可能需要几代人的共同努力。社会的发展是缓慢的，人性非一朝一夕所能改变；在历史进程中来看的话，它又是快速的，一个世纪在历史中就如一天一样短暂。完成一件事情之前都要经历一番痛苦。基督教经受了4个世纪的压迫之后，最终被人们所接受，国家在完成统一之前，也必须要发动无数次战争。在英国，社会体制一直不太明确，直到长达2个世纪的内战结束后，它才得以确定。奴隶在得到人身自由之前，也是长时期被地主阶级迫害。在以前的社会中，奴隶和农民可以随意买卖，就像出售土地一样简单，再看看现在，他们无一例外都得到了自由，有了自己的生活，两者对比后就能看到明显的差异，这种差异对我们来说是有益的。既然社会都能有如此巨大的改变，那么戒掉奢侈的生活，一定也会很容易。

节俭是美德，奢侈会让生活变得糟糕。虽然"由俭入奢易，由奢入俭难"，但是，如果能够从根本上去认识到奢侈带来的恶果，下定决心改变观念，也不是不可能戒掉奢侈生活的。

节俭本身是一宗财富

如果一个人勤劳节俭，那么他就会攒下一些钱，这样他的生活就会宽裕些。即使生活宽裕了也不能随便花钱，养成节约的习惯很重要。当我们买东西的时候，可能觉得多花一便士不算什么，可是每次都多花一便士的话，时间一长就会流失一大笔财产。

正是这些便士的积累，才给普通老百姓的家庭带来了幸福，带来了温暖。如果有人从不在乎这些小钱，并把它们花在喝酒或者其他杂事上，那么他一辈子都不会幸福。相反，如果珍惜每一个便士，并把它们积聚起来，这些钱可以存在银行，为自己买份保险也行。要么捐助慈善事业，也可以交给妻子以补贴家用或者供孩子们上学。这些行为都是有回报的，并且回报很明显。钱会越攒越多，妻子和孩子也会过得更加快乐。即使将来真的发生什么急事，也不用四处借钱。

一个人如果热爱劳动，并且非常节俭，那么他不但具有物质财富而且拥有精神财富。他会用自己的这些财富去帮助别人，让别人也像自己一样快乐。这是一个极其普通的人可以做到的，比如说在车间里凭体力活挣钱的劳动者。曼彻斯特有一位叫托马斯·莱特的人，他的行为就证明了这一点。他本来就是一名普通的工人，可是他却帮助了无数贫穷的囚犯。他们改邪归正后过上了幸福的生活。

托马斯·莱特通过一次偶然的机会了解到，释放的囚犯们遇到了一些困难。那些囚犯们改邪归正后获得了自由，他们有能力养活自己，可是没有人愿意给他们提供机会。为了帮助他们解决困难，莱特又开始忙碌起来。为了让出狱的囚犯们过上幸福的生活，他从忙碌的工作中挤出时间去帮助他们，尤其是周末，他从来没有休息过。因为他自己的工作花费了他大部分的时间，他每天需要工作12个小时，从早上六点钟一直到晚上六点钟。

为了300多名罪犯，他一有时间就四处奔波。经过了10年的努力，他终于完成了一件伟大的事业。当他着手帮助囚犯们的时候，人们并不支持他，认为他的行为很愚蠢。因为在人们眼里，囚犯们不会彻底改正错误，重新生活的。只要有诱惑，他们又会走向犯罪的道路。

曾经有位牧师和其他的好心人也做过同样的事情，可是到后来都失败了。自从托马斯·莱特凭借着自己的毅力和耐心完成这项事业后，人们把他称为高尚的道德医师。托马斯·莱特做过的好事太多了，他以帮助别人为快乐。有些孩子性格懦弱，从来不敢大声说话，在他的帮助下，孩子们逐渐恢复自信、开朗的性格。还有一些孩子，他们特别叛逆，不听家长的话，沉迷于游戏，莱特也帮助他们找到了自己，成为一个听话懂事的孩子。还有些罪犯，在他们释放出来后莱特给他们安排住的地方，帮他们找工作。他们成为辛勤忠实的劳动者，过着踏实、幸福的生活。

做这些事情的时候不仅需要时间，而且需要金钱和精力，还要对自己所做的事情充满信心。所以托马斯·莱特这么多年一直在坚持，确实很不容易。在他做的那么多善事中，最伟大的一件就是他挽救了无数犯人，在他的帮助下犯人们才摆脱了贫困的生活。他做这些事情的经济来源就是他的工资，实际上他的工资还达不到社会每年的平均水平，也就是说他自己仍然生活在社会的底层，可是他却用这些微薄的工资去帮助其他人，真是太伟大了。虽然贫困，他仍然把家里安排得井井有条。

他非常节俭，从来不乱花钱，并且不管做什么事情都很谨慎。所以他攒下了一笔钱，以便年纪大了用。托马斯·莱特是一个精打细算的人。买衣服、房租、日常用品花销、学费和帮助贫困的人，这些开支他都分配得非常合理，并且他会做好开销的规划，每次都会按照规划来分配钱。对于一位收入微薄、地位卑微的普通工人来说，实在是太不简单了。从托马斯·莱特的身上，我们看到了一股强大的力量，有这种力量的支持，他做了很多一般人做不到的事情。他用微薄的钱财创造出了伟大的奇迹。他的诚恳和善良感染了每一个人。

节俭是一个人一生用之不尽的一宗财富，那些在平日里节俭的人，在穷困时也很容易渡过难关，也能帮助到更多身边的人。

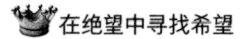

奢侈会让你负债累累

在中等阶层，人们的收入只够维持生活，但这阻止不了他们追求高等生活的脚步，他们一样需要大量的华美衣饰来装扮自己，收入远远满足不了他们的欲望。他们借钱也要买豪华的别墅，并不时地在家里举办派对，还经常观看戏剧。钱一到手马上就花掉，碰上吃紧的时候还会借债。保险也没有，家里还欠着一屁股债，若是当家的男人突然去世了，这样的家庭能留下什么给妻子和孩子生活？可怜的家人只有挣扎在贫困里，因为男人生前所挣的钱都用来装饰"门面"了；要是他稍微节约一点的话，自己还能有个风光点的葬礼。

丈夫问："你的衣服有没有付款？"妻子答道："没有。"丈夫说："你现在是在用别人的钱来满足你的欲望。"没有人会同意妻子瞒着丈夫去借钱买衣服。要是她借钱去买衣服，等于是衣服制造商为她付的钱。妻子大手大脚地花钱会让丈夫觉得压力很大，并且让丈夫对妻子产生不满。家庭永远入不敷出，我想没有哪个丈夫或者妻子能够长久地忍受这一点。

对自己和妻子的借款行为放任自流只会让你们陷入更加窘迫的环境，面对借钱给你的人，你没有勇气和他说话，而他可以用欠债这个原因来随意打扰你们的生活。听到有人敲门，你们会战战兢兢地以为债主来向你们索要欠款。要是你拿不出钱，还得编造很多借口，胡乱地找理由企图搪塞过去。慢慢地你从偶尔说谎变成经常说谎，人们不再相信你说的任何一句话。俗语说得好："谎言总是跟随欠债而来。"

借钱来满足自己的欲望，这是非常不明智的行为。就为了那些昂贵的，超出自己购买能力的物品，我们要花上半年甚至一年的时间来偿还债务。老板们总是有办法吸引我们去购物，而我们明知是陷阱也乐意往里面跳。为什么我们的内心不坚定一点？为什么我们不能像罗马人对待奴隶一样把老板们看作是我们的仇人呢？女人在购物时苦于钱不够数，于是就先欠着，老板也乐意她们欠债，因为欠的越多，利息越多，还的也就越多。这些狡猾的商人把生活正派的男人的妻子都骗过来，诱使她们在自己这儿欠下债务，然后把欠款随意增加。长久的欠债已经让人们对自己的债务数量变得模糊不清，再加上不少的利息，只要改动的数额不是特别多，谁也不会知道。

对此纽曼教授说过一段特别有针对性的话，他说："我希望国家能颁布法律来抑制这种现象的蔓延。规定商店老板在一定时间后就不能再催讨欠款，这样就可以防止商人们无休止地对外放债，但是对那些能按时还钱的人来说，适当的赊欠也不是坏事。因此人们之间的买卖只能通过现金交易，商品的价格也不会高得离谱。这样一来将会大大减少人们的欠债率，而且也防止了商人因为收不回钱，抬高价格让别人来补偿自己的损失。陷害无数人的赊欠制度将彻底报废。"

当一个女人思考着该不该借钱，而这笔钱对她而言并不重要的时候，她在思想上就已经向钱投降。若是公司里的人一直窥视老板的钱财，总有一天这些钱财会被盗走。如果一个人在内心进行斗争的时候把正义打压下去，那么他就会走上罪恶的那条路。生活中看似不经意的一些小事总能体现出一个人的修养和品德，这是毋庸置疑的。

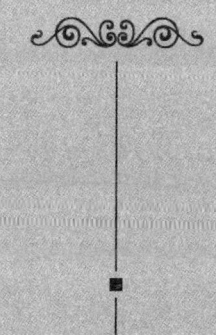

愿你不辜负自己的梦想

一切你想要的，都没有想象中那么简单容易得到。你必须为之付出努力、意志、耐心、勇气、坚持等。

靠非凡的意志力创造奇迹

浅尝辄止的事情，不能叫作钻研。

牛顿养了一只小狗，名字叫钻石。一天晚上牛顿不在书房，小狗竟然爬到了书桌上，撞倒了蜡烛，整个书桌都被点燃了。等家人赶到的时候，牛顿辛辛苦苦整理的文件全被烧光了。这些文件都是他的心血，他非常痛心，以至于那段时间他整天闷闷不乐。这件事情大家应该都有耳闻。上议院的议员卡莱尔也难逃这样的灾难。当时他把刚刚编著好的《法国革命》借给邻居阅读，可是邻居把书随手放在地上，忘了捡起来，结果却被家里的保姆当成废纸引火了。当卡莱尔准备拿书稿去出版时，他们才弄明白这件事，可是为时已晚。卡莱尔写这部书的时候没有拟草稿，所以他只有凭着记忆重新写。里边的好多例子和用词都已经淡忘了，他非常痛苦，可是没有办法，他必须坚持下去。凭着他的毅力和决心，他再次完成了这个著作。

　　泰姆通过观察发现蜘蛛的意志力非常强大，从此之后，他就决心向蜘蛛学习。奥杜邦是美国一位著名的鸟类学家，他说："我创作了两百多幅作品，后来竟然发生了一次意外。我差点因此放弃对鸟类学的研究。意志力确实能够产生巨大的力量，最困难的时候，它能够增强人们的信心和勇气。我原来住在肯塔基州的亨德森。有一次需要出差，走之前，我把最宝贵的图片放在一个木盒子里，然后把盒子放在一个安全的地方。几个月后我回来了，休息了几天后，我把盒子小心翼翼地取了出来，里边装的是我的心血。

　　"打开盒子看了一眼，我就傻了。里边竟然住着一窝小老鼠，我的宝贝被它们咬碎了。我几乎崩溃了，气得我浑身直打哆嗦。我睡了几天几夜。强大的意志力让我重新振作起来，我拿起枪、铅笔和笔记本，钻进树林。我很快调整好了情绪，又创作出了比以前更好的画。这已经是三年前的事情了。现在我的成果又装了满满一包。"

　　阿波西特是一位著名的自然哲学家。他的成功和他的意志力是分不开的。阿波西特和牛顿的经历非常相似，他在日内瓦工作的时候，经历了很多考验和磨难。除了艰难地忍受这些痛苦，他没有别的办法。阿波西特的研究非常广泛。一次偶然的机会，他对大气压的变化规律产生了兴趣，从此之后，他就一心扑在了研究大气压上。他坚持了27年，不管严寒酷暑，他都会天天观察大气压，并记录下有关的观察结果，然后再进行研究。

一天，实验室里来了一位新助理，阿波西特正好不在。这位助理为了表现自己，把实验室打扫了一遍。实际上，阿波西特的实验室文件摆放工整，根本不用收拾。当阿波西待回来时，竟然发现气压表旁边的几张纸不见了，他赶快问助理："你看到放在这儿的几张纸了吗？"

"先生，我把那些废纸烧了，我又重新放在那儿一些新的纸张。"助理回答说。

阿波西特听到这些话时，心里非常痛苦，他不知道该怎么办。他调整了一下自己的情绪说："你知道那些东西的价值吗？那些可是我这么多年的心血，你竟然把它毁掉了。没有我的允许，你以后不准动房间里的任何东西。"

与其他学科相比，自然历史的研究更需要坚强的意志力。一个人如果想在这个领域有所成就，就必须拥有坚强的意志力和耐力。我们通过查看各个领域科学家的传记就会发现：其他的科学家的寿命没有自然科学家的寿命长。英国一家出版社的一个员工告诉我："1870年，林耐协会有14位老人去世了，其中90岁以上的有2位，80多岁的有5位，70多岁的也有2位，这14位的平均寿命是75岁。"

亚当逊是法国的植物学家，大革命爆发时，他已经70岁了。当时社会动乱，他失去了所有的财产，连住的地方都没有了。亚当逊并没有因此倒下，他的意志力支撑着他前行。他当时非常贫困，几乎连饭都吃不饱。有一次，学会邀请他参加会议，因为他是学会的元老，可是他拒绝了。他实在是太穷了，连双鞋都买不起，他不可能光着脚去参加会议。

居维叶这样描述他："这位老人太可怜了，这个故事让我们很感动。亚当逊弓着腰，站在一堆即将燃尽的木柴前，在一个小纸片上画植物，双手冻得直打哆嗦。这时，他已经陶醉在其中，完全忘却了生活中的困苦。大自然的植物就像一位神仙一样，陪伴着老人，并且在他最贫穷的时候给他带来快乐。"董事会可怜亚当逊，就给了他一点抚恤金。后来这件事传到了拿破仑的耳朵里，老人因此得到了更多的抚恤金。

这位老人经历了太多的困难，在他79岁那年，离开了人世。他在他的遗嘱中这样写道："我死后只要一件装饰物，就是由我研制出的58种植物编织而成的花环。"这个花环是他一辈子研制成果的结晶。他的精神激励了后人，他的成果永远留在了人间。

意志力是一个人走向成功的关键，那些优秀的发明家们身上就具备坚强的意志力。乔治·史蒂芬森曾经忠告年轻人说："只要具备坚强的毅力就能走向成功。"他为了改进火车头，勤勤恳恳地钻研了15年，终于取得了伟大的成就。瓦特曾经发明了压缩蒸汽机，为了使效率更高，他苦心研究了30年。我们不难发现，这样的例子遍布艺术、工业、科学等各个领域。很久以前，尼尼微人使用的是楔形文字，也叫箭头文字。他们用这种文字记录了征服波斯之后的历史，后来这种文字就失传了。但是当人们在尼尼微挖掘雕塑的时候，竟然发现了这种文字。

有一位聪明机智的学生，他在东印度公司实习，后来被派到了波斯。偶然间他在附近的纪念碑上发现了一些奇怪的文字，这些就是失传已久的楔形文字。他查了很多资料，却没有找到关于这种文字的记载。在一块高1700英尺（1英尺=0.3048米，下同）的岩石下方分别记载了波斯、亚述、斯基太三个国家的文字，他从上边抄下一篇文字，其中一些文字没有失传，一直流传到今天，他也见过。经过反复琢磨，他终于发现了楔形文字的规律，并随即把这些规律记录下来，编成了一个字母表。后来洛林森先生把这位实习生的发现寄回了英国，当教授们拿到这份楔形文字的时候，他们很迷茫，因为他们从来没有见过这么复杂的文字。

东印度公司的前一任秘书曾经研究过古老的文字，所以楔形文字又送到了他那里。他的研究终于有了突破，并且他找出了实习生抄错的字，并把它改了过来，在这之前他根本没有见过倍斯顿的那块岩石。他们两个并没有受过专业的培训，都是凭借着自己的爱好琢磨出来的。人类对于楔形文字的研究终于有了新的进展。还有一位为楔形文字作出贡献的人，就是伦敦律师事务所的一名职员。他们三个都是极其普通的工作人员，却能找到失传已久的楔形文字，并且发现了它的规律，还有巴比伦的历史，这是一件多么不可思议的事情啊。

雷亚德22岁的时候，有一次在东方旅游，萌发了深入研究幼发拉底地区的想法，并且开始采取行动。当时仅有一位随从保护他，并且带的武器也不多。实际上最好的武器就是他的性情。他很有修养，待人亲切、忠厚。他们一路上遇到很多困难，比如说他们路过的部落正在和其他的部落厮杀，这是多么恐怖的场面啊，可是他却能顺利通过。到达那里之后，他就一心钻研，尽管他只有几件简单的工具。他勤奋、坚强、有目标、有耐心，并且对工作充满了热情。他一直坚持着、努力着，几年后，他终于发现了一些历史文物，并且把这些文物完整地出土了。这个伟大的成就是他一生的骄傲，其他的古物探测者根本没法和他比。他出土的古物里边有一件2英里（1英里=1.609344千米）长的浮雕群，现在摆放在大英博物馆，这是一件价格不菲的古物。这些古物记录了《圣经》里的故事。3000多年前，人世间流传着关于圣经的故事，这些故事给人们带来了很多道理。雷亚德先生出土的这些文物，象征着他的成功，也是他的勤奋和锲而不舍精神的真正体现，他曾经把这些话刻在了尼尼微的一个纪念碑上。

所谓的成功，很少有平坦的道路，只有那些意志力非凡的人，不畏艰苦，勇于攀登，才有希望看到顶点的美好风光。

耐心和良好的习惯很重要

不管什么事情，只要坚持去做，总有一天会取得成功的。所以我们最好不要期望一口能吃成个胖子，一定要有耐心，并且勤奋，在前进过程中享受学习的快乐。曼斯特这样说："一个人只有耐心等待，才能够取得成功。"就像我们种庄稼一样，首先要播种，然后看着苗儿一天一天苗壮地成长，几个月后就会结出丰硕的果实。我们一定要有耐心，并且要对自己充满信心。有很多稀有的果实，它们成熟得非常缓慢，可是只要我们耐心地等待，就能品尝到这种果实的美味。"只要有耐心，桑叶也能变成绸缎。"这个谚语大家应该都听说过。

约翰·霍华德是一个很有耐心的人，从他身上我们可以看出，一个体弱多病的人，如果真的想实现自己的理想，照样可以把挡在他面前的大山移开。霍华德最大的愿望就是改善监狱的条件，不过这个愿望实现起来确实很难。他把自己的精力全部放在了这件事情上。即使在生病的时候他照样工作，他吃了很多苦，经历了无数次的危险。他具有坚强的意志力，并且心地善良。他只是一位平凡的人，可是却能做出不平凡的事情。在他的一生中，他获得很多荣誉和成就。他的精神永远留在人间。他所做的事情影响了很多文明国家，尤其是英国。直到现在，他的这种影响依然存在，也许会继续延续。

耐心是我们获得成功的必需品质，只要我们拥有足够的耐心，我们就会生活得快乐、幸福。乔治·赫伯特这样说："一个人只有具备耐心，才能圆满完成任务。"德国国王阿尔弗雷非常有耐心。他的运气总是很好，所以他的生活充满了快乐。马尔伯勒是英国的将领，他待人温和，乐观开朗。他的成功与他高贵的品质是分不开的。1702年，他给英国财政大臣戈多尔芬写了一封信，信中说："我胜利的秘诀就是耐心。"后来，他受到同盟者的阻挠和压制。当时他说："我已经用尽了所有的办法，目前只有耐心等了。"

布封侯爵曾经说过："如果一个人有耐心，他肯定能够取得成功。"他就是一个有耐心的人，所以他在自然历史上取得了很大的成功。他小时候并不是一个很有天分的孩子。他家里很有钱，整天过着无忧无虑的生活。他特别懒，什么事情都不会做。他的记忆力很差，学东西很慢。不过后来他下决心改掉了这些坏毛病，并开始自觉学习。

布封还特别爱睡觉，即使在白天也照睡不误，这样就浪费了很多时间。他意识到了时间的可贵，就下定决心不再贪睡。刚开始还好，他还能坚持住，可是过了几天他又恢复了原来的样子。没办法，他就去找仆人约瑟夫。他想让约瑟夫帮助他改掉这些坏毛病，条件就是：如果约瑟夫每天六点钟能够把他叫醒，他就给约瑟夫1克朗。他们就这样说好了。第一天早晨，约瑟夫去叫布封起床，可是布封说什么都不愿意起。他故意装出生病的样子，约瑟夫心软了，就没再喊他。快中午的时候，布封睡醒了。他起来后把约瑟夫喊了过来，不但没给他钱，还责怪约瑟夫没准时喊醒他。

在后来的几天里，不管布封如何假装生病或者恳求他，他都会硬硬地推他起床。有时候布封非常生气说要开除他，约瑟夫根本不管布封这一套，让他起床的态度仍然很坚决。一天，不管约瑟夫怎么拽，他都不起来。约瑟夫端来了一盆凉水浇在他的睡衣上，这时他不得不起床。后来还有几次，约瑟夫采取了同样的办法，布封实在没招了，就天天六点钟起床。布封成功地改掉了自己懒惰贪睡的坏习惯。后来布封侯爵编著了一本叫《自然历史》的书，可以说他的成功里集聚了约瑟夫的汗水。

布封工作非常努力。上午从九点开始一直工作到下午两点，然后再从下午五点工作到晚上九点，四十年如一日，他从来没有给自己放过假。他曾经在自传中这样描述自己："我认为学习是生活中最有趣的事情，不过工作是生活中最重要的事情。"他希望自己的身体能够健康一些，因为只有这样他才能多工作几年。他是一位出色的有责任心的作家，每完成一部作品他就会反复阅读，反复修改，这样文章才能够完美地表达出他的写作风格。他想让读者感受到他的思想，体会到文章的内涵。比如《自然新纪元》，他写了50年才完成。可是他对自己的作品仍然不满意，他不断地阅读、润色，直到他自己满意为止。

他做事都很有条理，很像一位商人。他认为，即使一个人非常有才能，但是如果他做事没有条理，那么他的才能永远都不会发挥出来，当然他也不可能实现自己的理想。他是一位非常成功的作家，这些成功来自于他的勤奋和坚持。马达姆·纳克曾经说过："一个人只有深入研究一件事情，并且付出艰辛的努力，这样他才会成功，才会被人们称作天才。布封就是一个很好的例子。他说过，在他刚开始写作的时候，他总是分心，并且感觉很累，可是他控制着自己，让自己专心于作品。即使在著作完成后也不能沾沾自喜，撒手不管。一定要反复阅读，反复推敲、润色，直到自己满意为止。长期坚持下去就不觉得累了，现在感觉校稿是一件很享受的事情。"大家都知道布封非常成功，写了很多书，有些出版了，有些没有出版，可是谁又知道在写这些作品时，他已经身患重病？在与病魔的斗争中他完成了无数伟大的作品。

勇气非凡的马丁·路德

马丁·路德的信仰与教皇有冲突，他虽然没有牺牲，可是时刻笼罩在教廷迫害的危险里。他最开始时是一个人独自为理想抗争着，那时的他处境极为艰难。他说："两方实力悬殊，一方是教士，他们博学多才，神圣而高贵，有着许多的信徒，手中还掌握着权力。另一方值得依靠的朋友也不多，显得可怜无知，他们是维克利夫、诺伦佐·瓦纳·奥古斯丁和路德。"皇帝召他去沃姆斯，要他在那里接受问答，他勇敢地赶过去了，做好了在那里面对指控的准备。朋友们都劝他不要冒险，周围的人也认为这一去很可能送命，大家都极力主张他一走了之。他对那些人说："我不会逃避的。我知道，我将要去的地方满是邪恶的魔鬼，他们比外面的还要凶狠，可是我不会退缩，前方再凶险我也要去。"人们要他留心乔治公爵，公爵对他充满仇恨。他说道："我依然不会改变我要去的决心，乔治公爵的怨恨我会平息的，在这9天内我会消除我们之间的仇恨。"

信守诺言，这是路德身上的美德。他立刻踏上了危险的旅途。他的马车经过沃姆斯古老的钟楼时，他在车上唱道："看啦，那个伟大的城堡，它就是我们的上帝。"议肯曲了，它就是宗教改革时期的马赛曲。他在现在唱的是自己两天前临时写的歌，词曲都是一人完成的。在与迪埃特会面前，老军人乔治·佛伦淡博格走到路德身边，拍了拍路德的肩膀，说道："虔诚并且慈善的僧侣，我善意地提醒你，注意你的举止和言论。你将会面对一场艰难的战争，这是我们都没面对过的艰险局面。"路德对这个老军人说道："我会对得起《圣经》和我的良心，我将用我拥有的一切来守卫它们。"

路德在迪埃特面前表现出的非凡的勇气已记载在了历史之中。在人类的历史上，这英勇的行为是光辉耀眼的。他面对教皇的权威，在教皇迫使他放弃信仰的命令下，他没有一丝迟疑地说道："只要我的话没有违背圣经中的教条，我是不会认罪的。我要对得起自己的良心，不能背弃自己的信仰。我这么做是受到上帝支持的。"

敌人后来仍旧在奥格斯城堡对他进行刁难。路德对他们说道："为了我的信仰，我不会害怕丢掉我的脑袋，哪怕有500颗头，我一颗也不会稀罕。"路德遭遇到了许多苦难，他也面对了许多必须跨越的难关，他的勇气也因此变得越来越强。霍顿说："德国人没有一个可以像路德那样坦然面对死亡。"路德作的贡献要比其他人更显伟大，现代人的思想自由与人权观都受到了路德精神的影响。

苟活下来，那是高尚勇敢的人不齿于做的事情。厄尔·斯特拉福德是位坚定的保皇派，他如同一位去迎接胜利的将军般无畏地走向刑场，他身上只有勇气，完全没有其他死刑犯所表现出的那种胆怯。

在此处英勇就义的还有一个英国人，他叫约翰·埃利奥特。他在临死前说道："我的良心不会改变，哪怕要我经历一万次的死亡也不会改变。世界上的一切也不如我纯洁的良心宝贵。"他不得已离开了他牵挂着的妻子。他向着守在塔楼窗口的妻子扬着脸喊道："我的宝贝，我要独自去天堂了，可怜留下你一人在这个地狱里受苦。"在前行的路上，另一个声音对他喊道："你现在可是在最荣耀的时刻啊！"他答道："你说的没错。"他的兴奋表露无遗。埃利奥特说："死亡是什么？它不过是一个单词。可是面对死亡就是一件伟大的行为。"在《狱中随想》里，他写道："我没有什么可怕的，死亡也无法让我畏惧……生死是相伴的。安然面对要比苟且活下去好。人生并不是因为活得长而变得有意义。聪明人坚强活下去是为了创造比死亡更有价值的东西。"

成功对于那些努力奋斗、坚持不懈的人来说，是终将会获得的果实。这些人，即使在毫无成功可能的绝望里也会坚持下去。他们的力量肯定来自于勇气。他们希望自己在黑暗中播下的奋斗之种能在以后成长为结满果实的大树。经历无数次失败的考验，那些崇高的事业才走向了成功。可是，在灾难中早早离去的奋斗者也不在少数。成功并非评判勇气的标准。英雄般的胆识是体现在那不畏艰难困苦的勇气里的。

那些备受打击的爱国者们，面对敌人的号角时依然毫不怯懦，坦然地面对死亡。如哥伦布那样的伟大发现者和殉道者们，他们勇于抗争，不放弃理想，他们才是无愧于英雄称号的人。就连最卓越的战功也无法与他们的高尚道德相比。那些战场上刀枪之间的勇敢是远不及这种勇气伟大的。

坚强的毅力铸就了成功

具有坚强的毅力很重要，在文学界有很多例子能够证明这一点。沃尔特·斯科特先生曾经在一家律师事务所打工，他的工作很无聊，工资很低，和打字员的差不多。但是到了晚上，他就会看书学习，他把看书当成了他的乐趣。之所以他今天能够取得成就，就是因为当年他冷静、勤奋，并且具有顽强的毅力。当时他是一名打字的文员，一张纸三分钱，如果打印的纸张多，他就能发到更多的工资。他努力工作，就是为了能够多挣些钱来买书。经过努力，24小时他能够打印120张，也就是说可以拿到30先令。由于买不起新书，他就用省下的钱买几本旧书来看。实际上，他的工作效率这么高，就是当时在律师事务所练出来的。

斯科特原来是一位商人，一提起当年他仍然会露出一副自豪的表情。不成气候的诗人们总是不屑于那些普通的指责，而斯科特却不这么认为。如果一个人不认真对待自己的职责，那么这个人就不可能走向成功。反之，这个人将会从中获得很多有价值的东西，从而提升自己的能力。斯科特曾经在爱丁堡的最高人民法院担任文员一职，他的工作就是核实文件，看看那些注册过的合同或者文件有没有问题。每天吃过早饭他都要准时去上班。他喜欢早早起来写一些东西。洛克哈特曾经这样说："当一个人处在写作的最佳时期，一定不要忘了去做一些要求高的工作，比如说花半年去写作，半年从事这种高职责的工作。这对人的一生都是有益的。"斯科特要求自己不能以写作为生，必须从事其他的工作。他这样说："我不会用文学来获取更多的金钱，以维持生计，尽管那样很简单。文学只是我的一种精神食粮。只要我还有力气，还能够从事别的工作，我绝不会依赖文学生活。"

斯科特还具备一个优点，就是他从不挥霍时间。在他的眼里时间非常可贵，他会充分利用时间。由于他的时间观念很强，所以他每次收到信件后都会当天给对方回信。当然也有特殊的情况，有些信件的内容是需要认真思考之后才能答复的，所以不得不推迟时间。他对工作一丝不苟，并且很有耐心，所以即使有时候有很多事情需要处理，他也能得心应手地一一解决。他是一个爱干净的人，每天他都穿着整齐，把胡子刮得干干净净。早上五点他准时起床，起来后就开始生炉子。到六点时，他就开始工作了。在他的办公桌上，所有的文件都被他分好类，整齐地摆放着，想看哪一个随手就可以拿到。他坐的椅子周围摆放着各种各样的参考书。他养了一只小狗，总是趴在这些书的旁边，仰着头看着他。九点到十点的时候，全家人都起来准备吃早饭了。这三个多小时他写出了很多东西。当家人喊他吃饭的时候，他就会说："今天的创作可以结束了，早晨头脑清醒，效率高。"斯科特对自己要求严格。他每天都努力工作，创作出了很多作品，阅读了很多书籍，并且积累了丰富的经验，可是他仍然对自己不满意，总认为自己的能力应该再上一个新台阶。他曾经这样说："在我的一生中，很多时候我会感觉到自己知识匮乏，能力不足，并且这些总会影响我的创作。"

人总会这样，懂得越多，对自己的要求就越高，并且更加谦虚。斯科特就是一个很好的例子，实际上这才是真正的智慧。特里尼蒂大学发生了这样一件事。一天，有位学生找到他的老师，说他已经自学完了所有的知识，希望老师让他毕业。老师听完后，告诉他："你这么快就学完了所有的知识，而我才刚刚开始学习这些知识。"老师巧妙地拒绝了他的恳求，并且教育了他。有些人就是这样，他只不过是懂得了一些皮毛，可是总觉得自己已经学会了所有的东西，并且比其他人都聪明。而真正有学识的人从来不会这样，恰恰相反，他们非常谦虚，总觉得自己知识匮乏。认为自己懂很多的人，其实什么都不知道。牛顿也说过类似的话：真理就像大海一样深不可测，值得我们用一辈子去学习，而我们现在只不过是在海边捡到了几个贝壳而已。

著名的文学家身上都具备坚强的毅力，那些二流的文学家身上同样具备这种精神。著名的《美国和威尔士的美人》一书是文学家约翰·布里敦编著的。在他的创作中，还有很多建筑方面的书也颇受人们欢迎。布里顿出生在金斯顿，他家里很穷。在他很小的时候，他父亲是一个做面包的师傅，并且也会把麦芽制作成食品，可是后来竞争不过对手就倒闭了，他的父亲因此疯了。布里顿从来没有进过学堂，他只是靠着自己的毅力坚持学习，最终成了一位文学家。

布里顿的叔叔开了一家酒店，为了生计他在那里打工，那时他还很小。主要的工作就是把酒装到瓶子里，然后盖上盖子储存起来。5年之后，他的身体变得非常虚弱，他的叔叔无情地把他赶了出去。从此之后，他就到处流浪。当时他身上只有五年来攒下的几个畿尼（一种英国金币的名称，1畿尼相当于21个先令）。他在外流浪了7年，这7年里他不知吃了多少苦受了多少罪。他的自传这样写道："我租了一个小屋，一周收18便士，条件非常艰苦。只有学习的时候我才是快乐的。我没钱生炉子，到了冬天就坐在床上看书。"后来他步行来到巴思，做了一名管窖工人。干了没多久，他就辞职去了大城市。当时他特别穷，身上一分钱都没有。

因为他有管窖的经验，所以就在伦敦的一家酒店里找到了这方面的工作。他一天要在漆黑阴森的酒窖里待上16个小时，也就是从早上七点到晚上十一点。恶劣的工作环境和过度的劳累，使他的病情加重。他离开这里，在律师事务所又找到了一份工作，工资每周只有15先令。由于太穷买不起书，他就到附近的书摊上看书。只要有时间他就会过去，这样他就会获得很多知识。他充分利用空闲的时间，专心创作。几年后他又辞职来到另一家事务所，由于他有经验，人家一周给他20先令，比以前多了5先令。他从来没有忘记看书、写作，这是他的一大乐趣。

那一年他完成了《皮萨罗的求职经历》，并拿到了出版社出版，当年他只有28岁。他一生出版的作品超过了87部，最伟大的一部作品就是《英国大教堂的古代风习》，共有14卷。从这部作品里我们能够看到他那种可贵的精神，永远勤勤恳恳，不知疲惫。他的一生从来没有间断过写作，直到他去世。

罗顿跟布里顿一样有着坚强的毅力。他热爱自己的工作，并且工作起来不知疲惫。他的父亲有个农场，就在爱丁堡附近。他从小跟着父亲干活，所以养成了热爱劳动的好习惯。他的想象力很丰富，并且具有绘画的天赋。他能把整个园林的设计画出来，他的父亲发现了这一特长，就决定把他培养成优秀的园林家。

在精心学习规划园林时，他每周有两天不睡觉，看一夜书。到了白天仍然勤劳地干活，他总是比其他工人干得多。他充分利用了晚上的时间，学会了法语。后来他翻译了《阿拉伯尔自传》，那年他还不到18岁。他渴望读更多的书，学更多的知识，提高自己的能力。21岁那年，他仍在园林工作。他在日记里这样写道："我现在已经20岁了，可是我还没有为人们作出伟大的贡献。也许再过两个20年我就不存在了，所以我必须努力学习更多的知识，造福人类。"刚刚20岁的年轻人就能说出这样的话，真是值得我们学习。想想我们自己，真是惭愧。后来他又开始学习德语，没过多长时间，他已经熟练掌握了这门语言。他学习了苏格兰的田园设计技术，自己开始建造农场。后来这个农场给他带来了很多利润。做到这些他并不满足，他想学到更多更先进的技术，他开始去很多国家考察。他把从各国学到的知识记入他的百科全书。当然里边还包括很多事例，所以他的百科全书比其他作家的都要详尽、优秀。这些都是用他辛勤的汗水换来的，他比其他作家吃的苦、受的累都要多。

那些能够取得伟大成功的人，都曾经付出过汗水和辛苦，他们也比别人更加有毅力。而毅力来源于，不论遇到什么情况都毫不动摇地坚持。

勇者无畏无惧

要想获得成功，男人和女人都必须具有勇气。

匹夫之勇并不能算勇气，它不是最具力量的表现。那些默默无闻的辛劳和奋斗就体现出了勇气。那些有勇气的人可以为了正义与真理忍受所有的痛苦。那些一时的冲动勇猛是无法与这真正具有智慧的勇气相比的。

那些男人和女人所具有的英雄气概都是道德和勇气的结合物。什么才是道德的勇气？是对真理的坚持和寻求，是对正义的坚守，是诚实地待人，是对诱惑的不屈，还有对职责的履行，这些都是勇气的表现。一个缺乏勇气的人是无法保护他人安全的。

那些让人跨越艰难困苦的勇气在每一个历史时刻都帮助人类走向了进步。那些爱国者、思想先驱们、发明家和各行业里的杰出人物，他们所表现的勇气把人类带向了进步的行列。只有冲破了各种迎面而来的阻挠，在勇往直前的路途上获得他人的承认，才有可能产生真理和新的学说。海涅为此说过："伟人们是以生命的代价来发表伟大思想的。"

很多人用了一生的精力来寻求真理。他们在无尽的书海里辛苦寻找着真理，经过不懈的努力探索，他们终于获得真理的甜美果实。可是为了它勇于抗争的只有真正的勇士们。他们深爱着真理，为真理牺牲是他们最幸福的时刻。

苏格拉底因自己崇高的学说不被接受而被迫在雅典喝下毒药，那年他已是72岁的年龄了。人们对于他鼓励青年蔑视守护神的行为给予了败坏雅典青年道德的指控。他不畏那些专制法庭的控诉和暴民的侮辱，他用自己充满光辉的道德勇气予以对抗。在他死前，他留下了百世传颂的演说。面对那些法官，他说道："我该走了，可是我走后，他们还在，他们会在人间留下来。我和你们谁的命运会更好，这只有上帝才会明白。"

许多伟人与伟大的思想家都毁于无知的宗教之手。揭露了时代流行的错误观点的布鲁诺被活活烧死在了罗马的鲜花广场。面对死刑，布鲁诺毫不畏惧地说道："你们会因为我对死刑的坦然接受而害怕吧。"

伽利略是继布鲁诺之后的又一个殉道者，他为真理赴难的名气可能比他科学上的声望还要高。教会因为他关于地球的运转观点而强烈谴责了他。教会用异端邪说的罪名把这位70岁的老人扣押在了罗马。他要在宗教牢房里孤苦地度过最后的时光，即便是没有肉体的折磨，这也是残酷的刑罚。教皇并没有因他的死亡而放过他，他的躯骸不被允许归于墓中，这是多么无情的迫害啊！

惨遭迫害的罗杰·培根是位修道士。他的哲学研究为世人所不容，他在化学方面的探索也被人们指责为巫术行径。他的作品不被世人所接受。教皇也因为培根的学说而把他关入牢中，连续几届教皇都没有宽恕他，被监禁了10年后，他最终死于牢中。那位被教皇驱逐出教堂，在流放地慕尼黑去世的奥卡姆，他是位英国的思辨哲学家，他的研究在当时还是较为早期的，也因此不被教廷接受。唯一值得庆幸的是在慕尼黑德国皇帝对他很友善。

对于揭露了人类本性的维萨里，教廷也把他视为异端。他就如同揭露了天国本质的布鲁诺和伽利略。维萨里勇敢地冲破了当时的禁忌，敢于解剖尸体来研究人体的结构。他以生命的代价建立了尸体解剖学的基础。西班牙国王的劝说最终使他逃过了教廷的死刑。但是他依然要接受处罚，要赶往千里之外的圣地，在那朝拜赎罪。可是在生命的鼎盛时期，他最终因为贫病交加死在了返回的路上，他最后还是为真理付出了生命的代价。

人们对于弗朗西斯·培根的《新工具》一书给予了最大的责难，对于这本英国著名哲学家的著作，人们认为其带有危险的革命性，并因此强加控诉。为此，亨利·斯塔布博士还特意写了本反对培根新哲学的书。这本书也让他成了名人。在他看来，那些经验主义哲学都是不好的，因为那是与培根观点相似的。对于《新工具》一书，英国皇家协会也不认同，在他们眼里，那是会动摇基督教信仰的观点。

宗教法庭对于哥白尼的拥簇者都以异教徒的罪名加以迫害，开普勒也是由于对哥白尼的拥护行为而遭到了迫害。他说："我是站在上帝拥护者的对面。"牛顿是伯奈特主教中心最聪明的人。因为发现了万有引力定律，牛顿这个有着孩童般淳朴心灵的人被指责为推翻上帝的邪恶之人。同样被如此指控的还有发现了闪电秘密的富兰克林。

犹太教最终把斯宾诺莎开除了犹太教籍，他的哲学观点是宗教领袖们无法认同的。他由此还遭到了他人的暗杀。可是在这艰难的环境下，他没有放弃，依靠自己的劳动过着贫困的生活，一直这样坚持到去世。

人们认为笛卡尔的哲学观点是对宗教的敌视。人们认为洛克的学说是唯物主义的。在地理领域有建树的科学家们，布坎兰博士和塞奇威克先生等人被指控推翻了《永示录》，因为他们的研究成果与上面的内容相悖。那些气量狭小的人会指责在天文、历史、自然和物理领域里的成果都是异端邪说。

那些没有被宗教迫害的幸运发现者们，还是会受到同行与公众的责难，他们的发现依旧不被世人所认可。发现了血液循环理论的哈维博士被医学界视为一个大笨蛋，他的观点使病人们都不再信任他。约翰·韩特尔说："那些经历过困难磨炼与阻挠的事情都是我做的有意义的事情。"在研究神经系统的重要阶段，查尔斯·贝尔先生给朋友写了封信，他在信中说道："我要是没有这些烦恼，能与贫困说再见那将会是多么幸福的事情啊！"他的研究为生理学作出了卓越的贡献。可是他的伟大成就只帮他减少了客户。历史上各个时代的伟人都是凭借着热情、坚持不懈的努力、勇往直前的精神和自我的牺牲才取得了他们所在领域的成就。这些人才是真正的英雄，他们不会被那些落后的人所拖累，他们会向着自己的目标破除万难，一往无前。

对于那些科学巨人受到的不公正对待的事例，我们可以从中得到教训。我们懂得对于那些不同的观点，我们要学会忍让，不能以大欺小。柏拉图说过："世界是什么？它就如同上帝写给人类的一封信。"要想更深刻地了解上帝的力量，真正领悟上帝的智慧，人们只有认真研究世界的本来意义，由此上帝的馈赠才对人类有意义，人们也才会对这份礼物的赠予者报以更加诚挚的感谢。

科学殉道者以他们的勇气为荣。那种勇气要比战场上生死相搏的勇气更为崇高，这种勇气没有战友间的鼓励，他们的拥有者是孤独的，为了真理要忍受旁人的不公正待遇，只有自己在抗争。随着时间的流逝，那些殉道者的名字可能会变得越来越模糊。对真理的坚定信仰让他们敢于面对一切，他们在道德战场上坚守正义的阵地，即便为真理献出宝贵的生命也在所不辞。

那些具有这些品质和高度责任感的人，总会为我们作些很有见解的历史预测。在追求真理的艰险旅途中，有些女性的坚强与勇气并不输于男性，她们的温文尔雅中透露着无畏的勇气。

作为这其中的杰出代表安娜·阿斯库，她面对肉体的折磨时并没有痛苦地呻吟和挣扎，她以不屈的眼神直面施行者的脸，没有放弃自己的信仰向神父屈服。有着英勇精神的还有拉迪米尔和里德利，她们在临刑前没有抱怨，安然地走向刑场面对死亡。在就义前，其中一人说道："上帝恩赐的智慧之火将在今天点燃，整个英国将会被它产生的理性之光笼罩。"贵格会教徒玛丽·戴尔面对新英格兰清教徒的绞刑台时，她毫不畏惧地走了上去。她没有因为死亡而恐惧，面对周围的人群，她坦然地发表着就义前的演说。最后，她满意地笑着在刽子手中结束了生命。

在走向断头台时，虔诚、善良的托马斯·摩尔先生面对死亡也依然怀有着伟大的勇气，他不屈服于这种威胁，坚定地维护着对真理的信仰。就在摩尔下定决心维护节操的时候就已经获得了胜利的荣耀。对侄子罗波尔，摩尔这样说道："孩子，我只有满怀对上帝的感激才能迈向胜利。"诺福克公爵担心他的安全，为此劝告道："摩尔先生忤逆帝王是非常危险的。帝王发怒会血流满地，你的命都在他的掌握之中。"摩尔回答道："勋爵先生，你我早晚都会死去，我没有什么好惧怕的。"

面对艰难的选择时刻，摩尔的运气远不如其他伟人，他的妻子并不支持他的信念。摩尔第一个妻子是个农村姑娘，摩尔让她懂得礼节，可是在生育了一男三女后，她就早早地去世了。其中一个叫玛格丽特的女儿与他父亲性格相似。摩尔的第二个妻子可以说一无是处，她是个不漂亮的寡妇，市侩而贪图享乐，年纪还大摩尔7岁。她是不会为了摩尔的理想去忍受贫苦的生活的。

摩尔的第二个妻子在摩尔被关押在伦敦塔的这段时间里，没有给予他丝毫的关心。她对摩尔的行为毫不理解。她认为，只要摩尔屈从国王就能获得自由，之后也就能在舒适的家里与孩子共享天伦之乐了。她在某天对摩尔说道："你这个公认的聪明人为何就想不明白，我真是弄不懂你的想法。你要是听从主教的要求就能告别这个满是老鼠的肮脏监狱，你马上就能重获自由。"摩尔无视妻子的话语，他有着自己不容更改的信念。他温和而愉悦地说道："我的真理可比漂亮的住宅重要多了。"他妻子报以轻蔑的回答："你的行为在我看来，简直是蠢透了。"

　　摩尔的女儿玛格丽特·罗伯特却坚定地站在父亲这边。她对监狱里的父亲坚持进行着问候。在监狱里摩尔只能用炭给女儿写信，信中说道："我的炭笔是无法把你的关爱带来的快乐全部表达出来的，你给了我太多的慰藉。"最后摩尔依旧没有放弃真理，他成了首个因说实话而牺牲的人。他坚守诚实的美德并因此殉难。他死后，头颅还被拴在伦敦大桥上示众。他的女儿玛格丽特·罗伯特很勇敢，她挺身而出，请求人们将她父亲的人头取下。在她死去的时候，她依然热爱着她的父亲，要求与父亲的人头埋在一起。在许多年以后，人们打开了她的坟墓，人们看到了吃惊的一幕，那颗珍贵的人头就在他女儿骨骸的胸部上。

　　勇气，不是鲁莽行事，是为了心中的信念而产生的大无畏的精神和力量。有勇气者无畏无惧，不留遗憾。

不要害怕失败

人的坚强毅力与健康的性格都是贫苦和逆境中锻造出来的。逆境和贫苦让人的活力得以复苏，人的性格也出此得以完善形成。伯克曾如此评价自己，道："我不会在苦难与逆境中屈服，我也不会因为顺境和富裕而失去本质。"在危急时刻，人才会最大限度地发挥出自己的品格与力量，进步的推动力来自于同困难的抗争。

不经历失败的人生是不可能完成任务的。成功也是多次失败的经验铸就而成的。聪明人会通过失败对自己进行理性的认识，由此也会变得更具智慧，更加老练。在失败中，他们往往能获得许多宝贵的经验。外交家会对你说，他的外交艺术都是在挫折、失败、阻挠和围攻中学到的。失败带给人的启迪和教训往往比格言、学习建议和榜样的作用更为有效。哪些能做，哪些不能做，这就是失败教给我们的经验，在外交领域，这是尤为重要的。

没有面对失败的勇气就无法有所建树。只要勇气没有丢掉，那么失败只会让人变得更加勇敢，成为鼓励他继续奋斗的动力。在著名的演员里，有一个叫塔尔玛的演员，他初次登台表演是在观众的嘲弄声里结束的。伟大的演讲家中，有个叫拉科达尔的人，他经历了无数次的失败，在这之后他才获得了无上的荣誉。

对于拉科达尔的第一次演讲，蒙塔雷伯是这样描述的，演讲地点是在圣·罗奇教堂，他说："这次演讲完全失败了。"在走出教堂后，人们都这样说道："他可能是个才华横溢的人，但是他一定无法成为一个演讲家。"可是在经历了无数次失败之后，他终于获得了成功。在他初次演讲失败之后，过了短短的两年时光，在巴黎圣母院，他再次向听众发表了演说。在法国的巴黎圣母院，自从波苏哀和马西隆的时代过后，著名的演说家是很少在此发表演说的。

对于詹姆斯·格雷汉姆先生和迪士雷利先生最开始时的失败，人们也是报以嘲笑。可是他们依旧如故地辛勤训练，终于在经历多次的失败之后，成了著名的演说家。在有段时光里，詹姆斯·格雷汉姆深感绝望，想要放弃他的演说事业。他这样对他的好友弗朗西斯·巴林说道："我为了提高我的即兴演讲水平，想尽了各种办法，可是依然无法自然而从容地演讲。这到底是怎么回事呢？我觉得自己连成功的演说也无法做到，更不要提成为一个成功的演说家了。"可是通过他不懈地刻苦努力，格雷汉姆也成了一个有着很大影响力的议会演说家，变得如同迪士雷利一样优秀。

在某一方面失败后，具有远见的人会找到另外的出路。在德文郡，普里多在竞选马格博罗教区执事失败后，他把全部精力投入到了学习上，在后来，他成了伍斯特地区的主教。在为第一宗案件辩护失败后，布瓦洛律师受到了人们的嘲笑。后来，他尝试去做传教士，不幸的是，依然以失败告终。可是，在这之后他努力成为一名杰出的诗人。

在第一次案件的辩护中，考柏因为腼腆和胆怯也遭到了失败。可是，在英国诗歌艺术领域，他却取得了非凡的成就。在律师岗位上，孟德斯鸠和边沁都没有获得成功，可是在辞掉了律师的工作后，边沁为后人留下了一部关于立法程序的大作。

在考取外科医生的尝试失败后，戈德史密斯写了《无人居住的村庄》和《韦克菲尔德教区的牧师》两部著作。在演说领域，艾迪生没有成功，可他却写出了《罗·德·科弗利先生》，在《观察家》杂志上，他也发表了许多著名的论文。

成功是失败积累而成的

在这个世界上，没有什么事情是可以轻易完成的，外界有利的环境只起到辅助作用，个人的努力和困境的磨炼才是决定成败的关键。那些可以轻易获得成功的美事，可能并不会在生活中存在。生活最好的老师其实就是磨难，"吃一次亏，学一次乖"讲的就是这个道理。英国著名政治家查尔斯·詹姆斯·福克斯经常说，那些在失败中从不放弃的人和事业上一帆风顺的人相比，他对前者的期望更高。他说："第一次就能获得演讲成功的年轻人当然值得赞许，可是对于那些首战失利，但敢于再次尝试的年轻人，我会更加欣赏。这样的年轻人，我会给予有力的支持，我相信，他们与那些没有遭受过失败的人相比，会表现得更加优秀。"

在成功中我们获得的东西远不如在失败后得到的多。我们由失败学会了哪些事是否可行。可能那些没有失败过的人，不会知道哪些事是能做的。在发现大浪把轮船推到距离水平面35英尺高的浪尖时，在抽气泵的制作上取得失败的人们，细心观察失败后的揭示，开始转向研究关于大气压力的定律，由此也踏入了一个崭新的科学领域，在这项研究领域出现了许多天才，其中就有伽利略、托拉斯利和波义耳等人。

约翰·亨特曾经说过："要是职业外科医生不敢公布其临床上的失败案例，而只对外展示其成功的例子，那么在临床上，外科技术难以达到现在这样的高度。"对于机械工程来说，工程师瓦特认为失败的经历是必不可少的。他说："我们需要一本教科书，在它上面应该记载了机械领域历史上所有的失败与错误。"在向公众展示自己设计的灵巧的操纵器时，亨普里爵士感叹道："我要感谢上帝，他没有让我成为一个灵巧的控制器，我经过一系列失败才获得了许多重要的发现。要是我太过灵巧，可能就难以发现什么了。"在自然科学领域，另一位声名显赫的学者说道："我发现只要我到了重大发现的关口，就会面对一些看似无法逾越的障碍。在困境中，往往会产生伟大的事物、伟大的发现、重要的发明和伟大的见解等。它们是发现者在逆境中确立的，是这些人成熟考虑后的结果。"

在谈到罗西尼时，贝多芬说道："他有着成为一位杰出音乐家的天赋，要是他在小时候就能踏上音乐的修行之路的话，现在一定能够获得成功。可是成长在众多的便利条件下，他被惯坏了。一个具有真本事的人是不会在意他人的恶评的。可是对于那些逢迎之词和友好的建议，人们应该报以警醒的担忧。"首次的"伊利亚"演奏，门德尔松就大获成功，赞誉声四起。伯明翰交响乐团对他很看重，邀请他加入。他对一位评论家朋友笑着说道："别说你是多么认同我的作品了，来批评我吧，告诉我，作品的哪些部分让你觉得不好。"

历史上的失败据说要比成功多。这话看上去不无道理。华盛顿参与的战役，输多赢少，可是他取得了最后的胜利。诺曼底人在战争开始时都是在输，可是最后他们也取得了骄人的胜利。对于莫劳，他朋友曾笑称其是一面鼓，响的时候要比安静的时候少，可是它的响声会传出很远。威灵顿由于在磨难面前的锻炼，使他的军事天才变得更加完善。在逆境中，他经历苦难的考验，变得更加果敢坚毅，他将军的才能与男子汉的气概也在逆境中得以淋漓尽致地表现出来。暴风雨的洗礼才会让水手变得经验丰富。他的勇气、自立和严格的纪律性都是在暴风雨中得以铸就的。对于我们拥有强大的英国海军这点，我们应该感谢大海的寒冷与波涛对这支队伍的锻炼，它让这支队伍变得无往而不胜。

成功是由无数失败积累而成的，那些敢于去做却失败了的人，比那些想做却没去做的人要强无数倍。

别让懈怠辜负了梦想的实现

人类的科技进步来源于无数个发明。织袜机的发明者拉夫·威廉姆·李，还有朱罗莎纺纱机的发明者约翰·哈斯利特，这两个有着坚强毅力的机械工，也是著名的工业创始人。在诺丁汉及其附近，许多人因为他们的发明而获得了就业岗位。对于纺织机的发明记载，到现在也没有一个统一的说法，都是各执一词。可是发明者叫威廉姆·李是大家公认的事实。

1563年，在一个离诺丁汉好几公里远的伍德保罗村，威廉姆·李呱呱落地了。他出生在一个殷实的家庭，可也有人说他是一个居无定所的单身穷青年。1579年，他获得了剑桥大学的克里斯特学院学费减免的资格，并在那开始求学。这之后，他转入圣约翰大学，并在那获得了1582—1583届的学士学位。传言在1586年，他获得了硕士学位，可是这在大学记录上没有记载。另一种说法是，他因为结婚违背了校规，被学校开除了学籍。可是这说法也让人怀疑，因为他那时还没有成为研究生，就算是结婚也不会遭到这种处罚。

在诺丁汉附近的卡尔费顿，他任职副牧师期间，利用工作的空闲时间发明了织袜机。人们认为，当时威廉喜欢上了村里的一位年轻姑娘，可是对于威廉热情的拜访，她总是给予冷淡的对待，埋头于自己的美术教学和织袜子工作。威廉也因此恨上了织袜子，他下定决心，一定要造一台机器，用来代替人工织袜子。经过3年时间的不懈努力，他的织袜机也离成功不远了。这时他为了全心研究自己的发明，辞掉了牧师的工作。关于织袜机发明者，亨森在他的书里这样写道，在诺丁汉医院，92岁的威廉·李走完了自己的一生。他在安妮女王在位的时候，还是镇上的一个学徒。在德林和布拉克纳的文章里则认为，是伦敦编织机公司发明了织袜机。那时的织袜机只能靠人力来支撑，还没有木头的支架。

不论织袜机是谁发明的，对于发明人那出众的天赋是没有人会怀疑的。这个精密的机器，只有那些将毕生精力都用到学习和研究上的深居乡村的学者才能发明出来。这项发明把妇女们那烦琐的工作简化成迅捷的机械纺织，在人类机械发明的历史上，这是无可比拟的智慧结晶啊。这项发明还有着更为深远的意义。在当时很少有人去关心机械的发展，手工业也还在起步阶段，李的发明在当时是件极为有价值的壮举。他是在没有多少经验参考，没有精密设备帮助，没有完备材料利用，没有熟练工人帮忙的恶劣条件下开始研究的。传言，他制造的第一台纯木打造的机器没有铅锤，只有12个格距片，针都是插在木头上的。在研发织袜机的过程里，如何形成针槽要用的针眼，这是最难解决的问题，他在最后想到了用三角锉去打磨出针眼。经过3年的艰苦劳动，他把迎面而来的难题一一解决掉，终于制造出了第一台能够满足需求的织袜机。对于自己的发明，李信心满满。在卡尔费顿村，他开始了织袜生产的工作，他这一干就是好几个年头。他的兄弟詹姆斯和另外几个亲戚都从他那里学到了这份技术。

李直到自己满意时，才停止了对织袜机的改进工作。他去了伦敦，为了获得对织袜兴趣有加的伊丽莎白女王的赞助，他决定在女王面前，展示自己的织袜机。最初，他向几位官员展示了自己的机器，这里面还有威廉姆先生和亨廷顿先生，他的展示获得了成功。可是对于他的织袜机，伊丽莎白女王不仅不感兴趣，她还反对这个机器的发明与推广，在她看来，许多以织袜为生的穷人会因为这个机器失去工作的机会。李的发明也没能获得他人的赞助。他认为自己的发明不会在英国受到尊重。1605年他应法国大臣苏力的邀请，去了法国的制造中心里昂，在那里他进一步改良了织袜机，并教授那些工人生产和操作这个机器。他在里昂开始大规模生产袜子。用了9台机器昼夜不停地生产。可是厄运再次光顾了李。那个给予他关照的国王亨利四世被拉维拉克的信徒谋杀了。他的事业也在失去权力的庇护后变得难以维系。他去巴黎寻求自己合法权利的仲裁。对于他这个不是清教徒的外国人，法国人对其请求不理不睬。在历经苦难和悲痛后，这位著名的发明家在穷困潦倒中死在了巴黎。

在李离世后，李的兄弟和7位专业工人带着7台织袜机离开了法国，还有2台机器留在了法国。回到诺丁汉后，詹姆斯·李马上就结识了阿什顿的索拉顿磨坊主，并邀请他加入了自己的团队。李在去法国前，就教过阿什顿如何使用织袜机。在索拉顿，两人加上那些技术人员一起用机器生产袜子，在随后不久，他们取得了不小的成功。他们生产袜子的地区紧邻盛产羊毛的舍五德县，所以原料充足，适合大批量生产。阿什顿在后来用铅锤固定了机架，这也让织袜机变得更为稳定了。英国也逐渐普及了织袜机，最后织袜产业也成了英国的一个重要工业分支。

让织袜机能够大规模地纺织花边，是最重要的改良行为之一。在1777年，福罗斯特和豪尔姆斯这两个专业工人，他们运用引进织袜改良技术，开始生产带网眼的纺织物。这个技术提高了生产效率，马上在英国普及开来。30年后，整个英国就拥有了1500台网眼纺织机，这也让1.5万多名工人拥有了工作岗位。可是后来，诺丁汉的花边制造业因为战争、时代潮流的改变以及其他原因的影响，走入了低谷。接着，约翰·哈斯科特发明了朱罗纺纱机，这才让花边制造业走出了低谷，并为花边制造业的振兴打下了坚实基础。后来，约翰·哈斯科特在选举中胜出，成为迪福顿下议院的议员。

一个新的发明被创造出来到投入生产运用，都需要无数次的努力和坚持。如果你有梦想，请不要忘记坚持和努力，不要让自己的懈怠辜负了梦想的实现。